城市黑臭水体治理与管理

城市水环境调查评估与管理平台

高红杰　彭剑峰　袁　鹏等　著

科学出版社

北京

内 容 简 介

本书围绕城市水环境管理平台需求，从管理平台总体设计、应用支撑系统设计、城市水环境管理数据调查及数据库建设、水环境问题诊断、承载力影响指标、水环境综合质量评估等方面阐述城市水环境管理专业知识。最后，简要介绍并展示了涵盖问题诊断、承载力评价、水质综合评估等业务化模块的城市水环境管理平台界面操作系统。

本书面向从事环境科学、环境信息学以及专业信息系统研发的咨询、设计、科研等工作的专业人士，同时也适合上述专业的本科生和研究生作为学习城市水环境管理及信息系统研发等方面的参考书。

图书在版编目（CIP）数据

城市水环境调查评估与管理平台 / 高红杰等著. —北京：科学出版社，2022.4

（城市黑臭水体治理与管理）

ISBN 978-7-03-071084-0

Ⅰ. ①城… Ⅱ. ①高… Ⅲ. ①区域水环境–环境质量评价–研究 Ⅳ. ①X143

中国版本图书馆 CIP 数据核字（2021）第 273638 号

责任编辑：王喜军 高 微 / 责任校对：樊雅琼
责任印制：吴兆东 / 封面设计：无极书装

科 学 出 版 社 出版

北京东黄城根北街 16 号
邮政编码：100717
http://www.sciencep.com

北京九州迅驰传媒文化有限公司 印刷
科学出版社发行 各地新华书店经销

*

2022 年 4 月第 一 版 开本：720 × 1000 1/16
2022 年 4 月第一次印刷 印张：14
字数：282 000

定价：98.00 元

（如有印装质量问题，我社负责调换）

《城市水环境调查评估与管理平台》
撰写委员会

主　　笔　高红杰　彭剑峰　袁　鹏

　　　　　王思宇　于会彬　李晓洁

参与人员　（按姓名笔画排序）

　　　　　王　琦　　王　鹏　　王秀蘅　　白　杨

　　　　　冯慧娟　　吕纯剑　　朱　宜　　刘瑞霞

　　　　　孙　菲　　李　斌　　陈　川　　陈斯傲

　　　　　郑利杰　　姜　娜　　姜继平　　袁增伟

　　　　　曹振兴　　盛　虎　　韩　璐　　靳方园

　　　　　阚　静　　薛宝林

前　　言

随着我国城市化进程的加快，城市人口和规模不断扩大，城市水环境质量改善压力不断增大。2015年，国务院印发《水污染防治行动计划》，对城市水环境管理工作提出了"定期公布各地级市（州、盟）水环境质量状况""建立水资源、水环境承载能力监测评价体系"等具体要求，亟需开发智能化的城市水环境管理平台，实现对环保领域已有污染源信息、环境质量监测数据、卫星遥感监测数据及区域经济社会等其他领域数据的集成。通过研发城市水环境数据调查、问题诊断、水质评估等模块，构建城市水环境管理平台，为提升城市水环境精细化管理水平提供技术支持。

2014年以来，依托重点流域环境保护监管项目，作者所在团队开展了城市水环境现状调查、城市水环境质量评估、水环境承载力提升等内容的研究，在研究中需要使用大量的环境领域数据，但缺乏可以对这些数据进行集约化整合和高效化利用的工具。基于此，我们有了构建城市水环境管理平台的想法，将业务需求信息化，充分发掘和释放数据资源的潜在价值，提高管理决策的预见性、针对性和时效性。经过不断的探索打磨，城市水环境管理平台已形成业务管理系统和公众服务平台两部分。其中，业务管理系统是城市水环境管理平台的重要组成部分，包括数据中心、城市水环境质量评估子系统、水环境问题解析子系统、承载力评估和预警子系统、其他业务子系统和地理信息系统（GIS）模块。同时，为保障居民对居住城市水环境状况的知情权，构建公众参与互动的信息服务平台，将城市水环境质量状况、城市水环境质量排名、城市水环境承载力状况等环境信息与 GIS 关联，实现直观展示。

本书从城市水环境管理平台开发与城市水环境质量评估等专业内容阐述管理平台建设过程，共9章。其中，第1~4章介绍城市水环境管理平台现状、城市水环境管理平台需求分析及总体设计、应用支撑系统设计等内容；第5~8章介绍城市水环境管理数据调查及数据库建设、城市水环境问题诊断、承载力影响指标构建、城市水环境综合质量评估等内容；第9章介绍并展示城市水环境管理平台模块。

城市水环境管理研究是一个复杂的过程，涉及的科学领域较多，作者非常感谢参与本书研究与写作工作的专家学者，并由衷感谢中国环境科学研究院的领导和流域水环境污染综合治理研究中心的同事对这项工作的支持。

由于作者水平有限，书中难免存在不足之处，诚挚欢迎读者批评指正。

作　者
2021 年 9 月于北京

目　　录

第1章 城市水环境管理平台概述

1.1 城市水环境管理现状

水环境管理是指人类基于长期可持续发展的需要而对水环境采取的保护行为，尤其侧重于水质保护、水生态保护，具体表现为水污染防治、水土保持、水污染事故和纠纷处理等活动。水环境管理体制建设是一项复杂的系统工程，即使在发达国家，水环境管理模式也随着认识水平的提高与需求的不断变化处于逐步完善的过程[1]。在国家层面，各国水环境管理模式存在很大差异，归纳起来，包括5种模式：环保部门管理下的集成管理模式（法国和德国）、分散管理模式（英国、中国、加拿大和日本）、水利部门管理下的集成管理模式（俄罗斯和荷兰）、低级别的集成分散管理模式（以色列）、高级别的集成分散管理模式（澳大利亚和印度）[2]。

根据环境保护机构和流域管理机构发展演变，新中国成立后我国流域水环境管理体制变迁可以划分为四个阶段，即起步阶段（1949～1978 年）、转变阶段（1979～1994 年）、深化阶段（1995～2005 年）、强化阶段（2006 年至今）[3]。我国水资源管理与水污染控制分属不同部门管理（图 1-1），水量与水能由水利水电部门管理，城市供水与排水则由市政部门管理。生态环境部虽然全面负责水环境保护与管理，但是与其他很多机构存在责权交叉。另外，由于缺乏统一的、更高一级的协调部门，各部门各自为政，较难实现"统一规划、合理布局"。

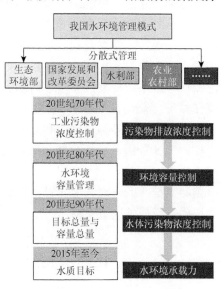

图 1-1 我国水环境管理发展历程

1.2 城市水环境管理平台发展现状

环境问题一般是指由于人类活动作用于周围的环境引起环境质量下降或

生态失调，以及这种变化反过来对人类的生产和生活产生不利影响的现象，通常具有明显的地理分布特征。解决水环境问题的前提和基础是获得所需的水环境信息，其相对于其他环境要素来讲往往时间序列较长、空间范围广泛、空间和地域特征明显，且这些信息数据量大、关系复杂更新快。建立水环境管理平台，将地理信息系统（geographic information system，GIS）与传统数据库相结合，运用现代信息技术管理水环境的各类信息，同时将水环境模型与信息管理、决策支持系统相结合，将系统论、信息论和计算机技术应用于水环境管理，充分发挥现代信息技术优势，运用各种数学方法和水环境模型对水环境进行分析、预测、评价，为管理水环境、掌握和解决水环境问题提供较为有效的支撑。

近年来，已有一些机构或研究人员利用 GIS 等技术开展水环境管理平台的研究，并取得了一定的成果。如肖青等[4]开展了基于 GIS 的苏州河环境综合整治管理信息系统的研究，充分利用 GIS 的空间分析功能为部门规划、管理与分析水环境信息提供支持；朱杰等[5]建立了沱江流域成都段的水环境预警系统；上海市环境管理部门建立了黄浦江流域水环境 GIS，为上海市水环境的管理与改善提供了便捷的信息支持。张慧霞等[6]基于现代信息技术搭建生态环境监测和管理平台，实现数据录入、数据查询、数据统计和用户管理功能，实现对惠州西湖水环境高效管理。安若兰[7]将 GIS 与水质评价模型相结合，依托 C#.Net 开发环境，搭建渭河流域管理系统框架，实现了渭河流域水资源管理信息化及水质评价自动生成。徐文帅等[8]基于在线监测需求整合空间数据与监测数据，应用 GIS 与 Oracle 数据库等技术构建污染源自动监测数据综合分析系统，从而实现在线监测数据的实时监控、统计分析、超标预警与数据展示等功能。陈家模等[9]使用 ArcGIS Engine 和 Java 技术开发与设计水环境管理信息平台，通过动态监控水质变化情况获取实时监测数据并完善数据库建设，以解决水环境保护过程中复杂的综合治理问题，为环境部门提供决策支持。

1.3　　城市水环境承载力发展现状

随着人口、资源和环境问题日趋严重，环境承载力得到了较多的研究和探讨，承载力成了一个探讨可持续发展问题所不可回避的概念。水资源承载力（water resource carrying capacity，WRCC）和水环境承载力（water environmental carrying capacity，WECC）是承载力概念与水资源和水环境领域的自然结合，目前有关研究主要集中在我国，国外专门的研究较少，一般仅在可持续发展文献中简单涉及。

1.3.1　国外现状

水环境承载力的理论雏形为水环境容量，1968 年首先由日本学者提出。日本为改善水和大气环境质量状况，提出污染排放总量控制。欧美的学者较少使用环境容量这一术语，而是用同化容量、最大容许纳污量和水体容许排污水平等概念。20 世纪 60 年代以后，北美湖泊协会曾对湖泊承载力进行定义；美国的 URS 公司对佛罗里达 Keys 流域的承载能力进行了研究，内容包括承载力的概念、研究方法和模型量化手段等方面。此外，Falkenmark 等[10]的一些研究也涉及水资源的承载限度。

1.3.2　国内现状

近年来，我国学者在水环境承载力的理论和实践等方面都进行了积极的探索，并取得了重大进展。其中，贾振邦等[11]在分析水环境承载力概念的基础上，综合考虑选取了与本溪市水环境有密切关系的 6 项具体指标，用于评定水环境承载力大小，为社会经济与水环境协调发展提供决策依据。郭怀成等[12]分析了城市水环境系统的特点，提出了城市水环境与可持续发展的研究方法。洪阳等[13]在环境容量的基础上探讨了环境承载力的概念和模型。朱湖根等[14]论述了淮河流域水环境承载力的脆弱性，指出流域水环境承载力脆弱性的研究将会促使人们将水环境作为一个系统，考虑其对人类各种社会经济活动的承受能力，保证流域可持续发展。崔凤军[15]采用系统研究方法对城市水环境承载力的概念、实质、功能及定量表达方法作出了分析，并利用系统动力学（system dynamics，SD）模拟手段进行了实证研究，其结果表明水环境承载力指数变化对拟定的调整策略作出的预测优化结果是较满意的。

蒋晓辉等[16]从水环境、人口、经济发展之间的关系入手，探讨水环境承载力的内涵，在此基础上建立了研究区域水环境承载力的大系统分解协调模型，并将模型应用于关中地区，得到了不同方案下关中地区水环境承载力及提高关中地区水环境承载力的最优策略。马文敏等[17]在论述西北干旱区域城市水环境基本情况和水环境承载力概念的基础上，分析了该区水环境承载力特点与研究思路，重点对干旱区城市水环境承载力分析方法的研究现状及发展趋势进行了阐述，指出应用人工神经网络模型与遗传算法结合求解水环境承载力系统的最优化问题。井涌[18]通过分析陕西渭河流域水环境的自然特征，以及水资源演变趋势和开发利用造成的水环境现状问题，研究了该流域的水环境承载能力，并提出了调控水环境承载能力的战略对策。王海云[19]对水环境承载能力调控与水质信息系统模式的建立进行了分析研究，并结合中国实情提出了建模总体框架，指出水环境承载能力是可持续发展理论的重要体现，建立水质信息系统基础平台，科学地利用和调控水环境承载能力，实现水环境保护的目标。卢卫[20]在对浙江省主要饮用水水源地背景资料调查的基础上，运用污染物总量控制指标分析了水源地水环境的承载能力，并提出了提高水源地水环境承载能力的对策，为城乡居民饮用安全优质水提供了保证，为促进浙江省水资源可持续利用和经济社会可持续发展提供了保障。王顺久[21]利用投影寻踪技术对全国①300余个地级市的水环境承载力进行综合评价，该方法无需给定权重，避免一定的人为性，为水环境承载力的综合评价提供了新的途径。李如忠等[22]基于水环境承载力概念的模糊性和评价指标的多样性特点，在模糊物元分析基础上，结合欧氏贴近度概念，建立了基于欧氏贴近度的区域水环境承载力评价模糊物元分析模型，并将其用于地下水环境承载能力评价。鄢帮有等[23]对鄱阳湖水环境承载力进行了分析。赵然杭等[24]在充分理解水环境承载力内涵及其影响因素的基础上，建立了水环境承载力评价指标体系，并对水环境承载力量化方法的研究程度及其存在的问题进行了论述，提出了城市水环境承载力与可持续发展策略的模糊优选理论、模型和方法，并以实例进行验证，从而为决策提供可靠依据。梁翔宇等[25]从邵阳市实际出发分析了水环境承载力日趋减弱的成因，提出了保护水资源、改善水环境、提高水环境承载力的对策。汪彦博等[26]采用系统动力学方法，建立石家庄市水环境承载力的模型，并对承载力指标进行量化，比较了南水北调工程前后石家庄市水环境承载力，预测石家庄市水环境持续发展状况，提出有利于石家庄市水环境持续发展的最优方案。赵青松等[27]介绍建立指标体系时应该遵循的原则及指标权重计算方法，并把模糊数学中隶属度的概念纳入水环境承载力评价中，把原本复杂、模糊的问题定量化，从而使得水环境承载力的评价既清晰又简单。涂峰武[28]以西洞庭湖为例，构建湖泊流域水环境承载力模型，通过预测分析其水环境承载力，为湖泊管理提供科学依据。

---

① 本书数据不含香港、澳门和台湾。

第 2 章　城市水环境管理平台需求分析

2.1　总　体　功　能

自 2015 年《水污染防治行动计划》（简称"水十条"）颁布以来，对城市水环境管理工作提出了"国家每年公布最差、最好的 10 个城市名单和各省（区、市）水环境状况""建立水资源、水环境承载能力监测评价体系""完成市、县域水资源、水环境承载能力现状评价""整治城市黑臭水体"等具体要求。涉及大量的数据计算，并且对数据时效性要求较高，亟需构建城市水环境管理平台，将业务需求信息化，实现数据定期更新并自动处理，节约人力资源，为相关管理部门提供有力的数据支撑。

城市水环境管理平台通过信息化手段，以遥感（remote sensing，RS）、GIS、全球定位系统（global positioning system，GPS）为支撑，以信息公开、信息采集为基础，以信息资源共享、模型分析预测为核心，构建集网络建设、业务集成、数据共享、预测预警和科学决策为一体的水环境管理软件系统。城市水环境管理平台框架如图 2-1 所示，主要包括业务管理和公众服务两个系统，其中，业务管

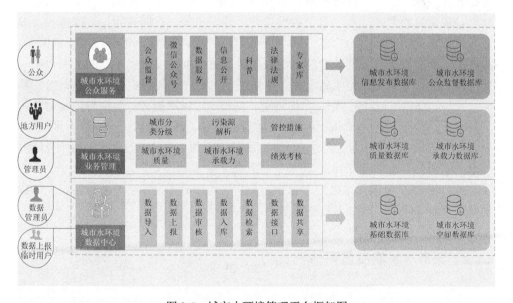

图 2-1　城市水环境管理平台框架图

理系统是城市水环境管理平台的重要组成部分,与其他子系统在业务流程和数据流程上相互依赖,并且与公共支撑平台(包括网络环境、软硬件共享、数据共享与交换、基础服务、GIS 模块等)相互支持。

2.2　业务化管理需求

根据城市水环境管理平台建设目标,针对平台需要满足城市水环境质量评估、水环境问题解析、城市水环境承载力评估等业务需求,业务管理系统包括数据中心、城市水环境质量评估子系统、水环境问题解析子系统、城市水环境承载力评估和预警子系统、其他业务子系统和 GIS 模块,实现对城市水环境数据管理、水环境质量评估及排名、承载力评估、地图展示等功能。

2.2.1　数据中心

数据中心通过构建城市水环境数据库,统一城市水环境数据标准,提供城市水环境相关数据的集中管理功能。城市水环境数据包括水环境质量数据、水质目标数据、水资源数据、水环境承载力目标数据、区域经济数据、项目数据、政策法规及污染源数据等。

数据中心提供以 Excel 格式文件为数据源的各种数据的导入功能,为避免数据在导入过程中出错,针对不同数据提供 Excel 格式的导入模板文件下载功能。同时,提供数据管理功能,包括数据查询、数据新增、数据删除、数据修改及选定数据集合导出 Excel 格式的文件。此外,数据中心构建城市水环境空间数据库,对各类空间数据进行管理。空间基础数据涵盖城市水环境领域涉及的各类数据:全国水系分布(属性包括水体名称、水体类型、所在行政区、国控断面、市控断面、区县断面等);行政区划、土地利用、高程、主体功能区、水生态环境功能区划;水资源数据(包括水体流量、城市水资源总量、各市供水量、饮用水水源地、地表水资源量、年降水量、用水量、地下水储量、灌溉面积等);省市县社会经济数据[国内生产总值(GDP)、工业产值、三产比例等];空间管控要求(生态红线、保护区等);全国污水处理厂分布及数量、农田分布、畜禽养殖数量、人口数量及区域各类项目、规划工程清单等。

2.2.2　城市水环境质量评估

城市水环境质量评估,是按照《城市地表水环境质量排名技术规定》(二次征求意见稿）的要求来计算城市水环境质量得分，对城市水环境质量状况进行评估并进行结果展示。城市水环境质量评估流程如图 2-2 所示，其中，水质等级与城市水质指数（city water quality index，CWQI）计算均采用《地表水环境质量标准》（GB 3838—2002）表 1 中除水温、粪大肠菌群和总氮以外的 21 项指标，包括：pH、溶解氧、高锰酸盐指数、五日生化需氧量、氨氮、石油类、挥发酚、汞、铅、总磷（total phosphorus，TP）、化学需氧量（chemical oxygen demand，COD）、铜、锌、氟化物、硒、砷、镉、铬（六价）、氰化物、阴离子表面活性剂和硫化物。断面水质等级评估方法参考《地表水环境质量标准》（GB 3838—2002）。城市指数得分和达标率得分参考《城市地表水环境质量排名技术规定》中的排名方法。城市水环境管理平台具体实现以下功能。

（1）水质等级与 CWQI 评估：包括断面月度水质等级与 CWQI 评估、断面季度水质等级与 CWQI 评估、断面年度水质等级与 CWQI 评估。其中，断面月度水质等级与 CWQI 评估是以月度水质数据为基础进行水质等级评价；断面季度水质等级与 CWQI 评估是将月度水质数据按季度求均值后进行水质等级评价；断面年度水质等级与 CWQI 评估是将月度水质求年均值后进行水质等级评价。

（2）城市排名与排名数据查询：按分数从小到大或从大到小对城市进行排名，排名结果数据可进行保存、查询、分析。可根据需要以地图和图表两种形式，进行任意排名范围的展示。

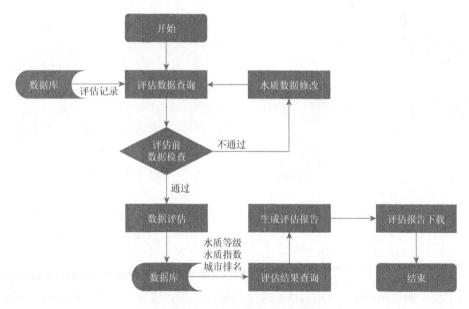

图 2-2　城市水环境质量评估流程图

（3）评估数据查询、统计：可根据行政区划、城市名称、水质类别、污染物等信息查询城市水环境质量评估结果，并在专题图上展示查询结果。同时，可根据查询结果进行数据统计分析。

（4）评估报告生成：可根据评估结果报告模板自动生成评估报告。

（5）自定义功能：提供计算模型自定义功能，即在使用系统时，可根据需要修改计算模型。

2.2.3　水环境问题解析

水环境问题解析是利用地理信息技术和数据中心提供的基础数据，结合污染源分析模型，对污染源数据进行收集、更新、分析，诊断城市污染问题，摸清造成城市水环境污染的根源。水环境问题解析系统定期对工业企业污染、市县生活污染、农村面源污染、农村生活污染和畜禽养殖污染等五个方面的污染源基础数据，以省、市、县、控制单元等不同区域范围进行污染源数据收集更新，数据上报流程如图 2-3 所示。系统采用两种方法获取全国整体污染源数据。一是参考污染源普查数据，根据环境统计数据或环境统计年鉴等相关资料，充分考虑污染物产生、排污过程及入河过程，采用评估算法对不同区域主要污染来源进行估算；二是针对某些重点地区，录入地方生态环境管理部门组织调查的污染源信息。水环境问题解析系统具体实现以下功能。

（1）污染源数据收集整理：根据地方生态环境部门业务需求，设置污染源上报功能，可对各类污染源信息进行上报及收集整理。

（2）自定义污染源数据表格：可根据实际情况修改污染源数据上报表格，并对数据上报用户进行设置。

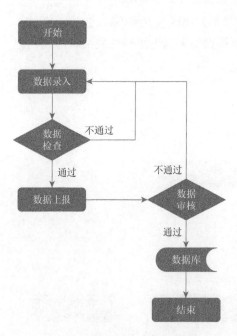

图 2-3　污染源数据上报流程图

（3）污染源数据统计分析及地图展示：可根据污染源类型、污染区域等进行统计分析，以地图、图表等多种形式显示污染物迁移过程、水质各项指标的浓度变化情况。

2.2.4　城市水环境承载力评估

城市水环境承载力评估是根据"水十条"中承载力评估相关要求，计算水体纳污能力与水资源供给能力对经济指标的支持量，将计算结果与实际发生的经济指标做对比，得出城市水环境承载力评估等级，并对水环境承载力超过阈值的城市进行预警。城市水环境承载力评估流程如图 2-4 所示，城市水环境承载力评估系统通过构建承载力评估模型，对不同城市、控制单元、流域等区域计算其对COD、氨（NH_3）、TP 和总氮（total nitrogen，TN）的纳污能力，进行水环境承载力评估。水环境承载力预测预警是通过构建承载力预测模型，预测承载力变化趋势，对承载能力降低的城市以直观的方式予以预警。系统具体实现以下功能。

（1）水环境承载力评估功能：构建承载力评估模型，评估控制单元、市县行政区、流域的水环境承载力。

（2）自定义水环境承载力预测模型：构建承载力预测模型，并可根据实际需要，修改模型参数或计算步骤，实现对预测模型的自定义计算。

（3）水环境承载力数据查询统计：实现对水环境承载力数据的查询、导出、统计、分析等功能。

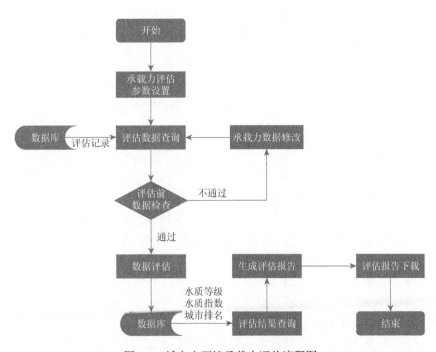

图 2-4　城市水环境承载力评估流程图

（4）城市水环境承载力专题图显示：可以专题图形式展示不同区域的承载力评价结果，或根据承载力预警级别，按预警等级由高到低以红、橙、黄、绿四种颜色，在地图上显示预警信息。

（5）水环境承载力报告生成：按照城市水环境承载力评估报告模板自动生成水环境承载力报告文件并提供下载功能。

2.2.5　其他业务需求

绩效考核与管控目标功能是根据"水十条"的工作要求，依据城市水环境分类与承载力评价结果，结合国家各类生态红线、功能区划等背景数据，确定不同城市不同阶段管控目标，并定期对城市水环境治理情况进行监督，对未完成"水十条"要求的区域提出各城市的管控及限批建议，具体实现以下功能。

（1）管控目标制定及限批：根据国家各类生态红线、功能区划、城市水环境承载力评价结果的数据资料，构建城市管控模型，制定管控目标。

（2）数据管理功能：对区域限批数据、管控数据、考核历史数据进行查询、导出、统计、分析。

（3）制作专题图：以图表形式展示数据分析结果，以专题图形式生动展示城市水环境分类、城市限批地区及考核情况。

（4）生成考核结果报告：按照考核结果报告模板自动生成相关报告文件，并提供报告下载功能。

2.3　公众服务需求

2.3.1　建设目标

建设公众服务平台是通过构建公众参与互动的信息平台，使得信息可以透明、全面、及时、准确、完整、安全地公开发布，保障公民对居住城市水环境状况的知情权，达到提升政府公信力、维护社会稳定的目的。城市水环境管理公众服务平台以水环境质量数据为主进行信息发布，包括城市水环境质量状况、城市水环境质量排名、城市水环境承载力状况等。基于 GIS 技术的地图信息展示方式，将环境数据与 GIS 关联起来，实现从地图上查看水环境相关数据，直观、生动地展示城市水环境地表水水质状况、水环境承载力等信息。同时，设计城市水环境微信公众号，为公众参与、监督城市水环境管理相关部门工作提供平台，公众服务内容如图 2-5 所示。

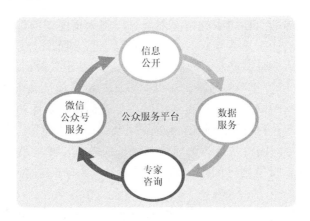

图 2-5　公众服务内容

2.3.2　具体功能

公众服务平台主要包括对外面向公众和对内面向网站使用者的双重功能需求。平台对外功能主要表现为信息发布、专家咨询、数据服务、电子地图、信息检索（站内搜索、站外搜索）、整站导航（网站地图）等。平台对内功能包括内容管理、信息发布、内外网数据交换、日志管理、站点统计分析管理及安全认证等。

（1）信息公开功能：发布城市水环境信息，包括水环境质量状况、城市排名、各城市绩效考核结果。信息发布可采取文字描述、图表、地图等多种形式。公众可以在信息公开栏目检索城市水环境质量相关信息。

（2）电子地图功能：由于单个、孤立的信息无法在脑海中产生空间感，通过地图技术的引入将环境数据与 GIS 关联起来，可轻松解决这个问题，跨越网络距离，直观、生动地展示数据信息，更具方位感和真实感。

（3）信息检索功能：要求系统具有优良的检索功能和性能，支持组合检索、分类检索、模糊检索、区域检索、个性化检索等功能。

（4）内容管理：要求以数据库作为强大的内容管理引擎，实现信息的实时动态管理和发布。解决网站中各类非结构化或半结构化数据内容（包括各种新闻、信息等数据）的采集、管理、搜索、分类等一系列问题，提升数据更新速度。

（5）栏目设置：要求对栏目设计层次无限制。可根据需要定制栏目内容（模块）和显示样式（模板），并实现动态管理。

（6）网站页面设计：提供模块、模板的可视化编辑功能，实现个性化定制，包括向导、模板预览、复制、在线下载等管理和编辑功能，提供 CSS（cascading style sheets）样式管理等。

（7）访问量统计分析：访问量是指对服务器的请求数目，在文件中设置过滤了图片、样式表等非页面请求的情况下，可以视为页面访问量，是考察服务器性能和站点人气的一个重要指标。具体包含以下四方面：①访问者统计分析是指统计分析访问站点时浏览器、操作系统的状况，并记录最后访问站点的 20 个访问者的 IP 地址和访问者的来路。②页面统计分析是统计某个页面从开始至今被访问的次数，反映网站栏目受欢迎程度。可查询特定页面的访问量，如果不输入查询条件，将看到访问量前 15 名的页面及页面总访问量。③时间段统计是指查询统计某一时间段内站点的访问量，流量的总值、平均值和最大值。④来源统计是指统计分析不同时间段访问 IP 的来源，为防止黑客攻击提供事前、事后与跟踪分析。

（8）日志管理：记录平台所有子系统的操作事件日志，也可提供接口供外部系统的操作事件日志记录，并提供接口定期生成统计报表供系统管理员查阅，实现鉴定责任的不可抵赖性和平台的运营强管理性。

（9）安全认证系统：提供一套完整的外网应用安全认证系统，安全认证功能包括用户资料管理、安全认证、用户权限管理。用户管理平台提供角色列表，可为不同人员赋予不同角色，各种角色对应不同的功能，根据用户管理要求，新建相应角色并授权相应的功能。

（10）整站导航功能：要求导航清晰条理，具有形象化、个性化等特点。通过配合全文检索系统与发布系统，根据网站内容进行分类检索，迅速为公众服务平台的栏目建立网站地图及分类索引，引导用户迅速定位查找内容所在的栏目，帮助用户快速地找到其所需的信息。

2.4　系统建设需求

2.4.1　设计及技术要求

城市水环境管理平台界面设计采用原型法，充分收集用户操作习惯、界面风格，通过门户的相关技术实现界面的个性化，使得平台界面和操作简单方便。在主机网络配置、数据库设计、程序设计过程中注重优化系统，不断提高系统性能。系统设计需满足界面友好、操作简便、容错能力强等要求；实现可视化配置和管理；能支持 100 个并发用户访问，在除报表生成制作、数据备份、全文检索以外的操作中，要求平均响应时间不超过 5s。

基于微软（MS）的.Net 框架体系，采用当前成熟稳定的内容管理技术、多级用户访问技术、权限控制技术、全文搜索技术等，对城市水环境管理平台进行架构，支持网站信息发布工作流程、数字证书与数字签名及目录服务，支持多种接口标准，注重系统稳定性、可靠性、可扩展性。

2.4.2　网络安全

城市水环境管理平台从内外网物理隔离、网络防病毒、防黑客攻击、备份系统和磁盘镜像及网页防篡改功能等方面强化平台网络安全。其中，内外网物理隔离主要针对业务管理平台应用信息的敏感性，在平台内外网之间采取有效的物理隔离措施。网络防病毒、防黑客攻击是为了帮助平台应对日益猖獗的病毒威胁，设置网络防病毒措施；为应对黑客攻击，在网站系统内部部署漏洞扫描和入侵检测系统。备份系统和磁盘镜像是设置系统备份方案，如在系统的应用服务器和数据库服务器采用磁盘镜像系统等措施，防止系统遭到意外破坏。网页防篡改是在网站应用服务器上安装基于数字水印技术的网页防篡改系统，防止网页被恶意或恶作剧篡改。

2.4.3　软/硬件要求

1. 服务器硬件要求

由于城市水环境管理平台用户较多，需要准备应急和备份的相关设备，在平台搭建过程中需要服务器 6 台，分别是公众信息发布服务器、应用服务器、数据库服务器、文件服务器、备份服务器和应急服务器各 1 台。

在系统主机、服务器、PC 机（个人计算机）及其他硬件设备的选型上，采用可靠品牌厂家的产品，并要求相关部件构成是目前成熟可靠的部件，且厂家具有强大的技术支持，可以为系统的扩展、开发和维修提供可靠保障。

系统主机、服务器应具有磁盘镜像能力，即一个磁盘为另一个磁盘的映射备份。当某一个磁盘出现读写故障时，计算机能自动读取另一个磁盘上的相应内容。或具有磁盘阵列技术，磁盘组中一个盘作为其他盘的校验盘，以得到高度的安全保护。针对磁盘通道损坏可采取磁盘双工技术，对两个通道上的磁盘进行镜像。

系统主机、服务器的长期数据采用磁带或光盘机定时备份，短期数据通过局域网备份到备份主机。PC 机的长期数据用磁带或光盘机备份，短期数据用软盘备份。主机房采用两台服务器耦合式互联，使之动态备份。当一台计算机发生故障时，另一台计算机可自动接替工作，保障整个计算机系统正常运行。除主机和 PC 机等大型硬件设备外，小器件和通信端口采用备份和冗余技术，使用不间断电源（uninterrupted power supply，UPS）防止短时间停电等故障。

2. 服务器软件要求

在服务器软件方面，操作系统选用 Windows 2008 Server；Web 服务器采用 MS

IIS 7.0 以上版本；应用服务器选用 MS Commerce Server；数据库采用 MS SQL Server、Oracle 等软件；目录服务采用 MS Active Directory。

软件的开发根据具体功能模块采用面向对象或面向数据的方法，使数据和相关操作局限在一个对象中或以某个基础数据库为中心，便于按照对象或数据排除系统故障。模块结构设计上，按照结构化方法分别设计模块内部结构，保证所设计的程序模块结构合理，模块间的调用关系简单，使系统的错误局限在一个或少数模块内，给系统的维护带来方便。同时，系统的运行顺序应根据本系统业务的实际情况进行确定，系统的维护顺序也将按运行顺序进行，从而使整个系统易于使用。

软件测试上可采用黑箱法，其特点不是分析程序结构及编写的正确与否，而是根据程序的输出对输入的响应关系判断程序的正确与否。在故障处理方式上，系统对输入数据和运行状态的错误进行检测，及时报告出错信息并进行相应的处理，以保证数据与系统运行的安全性和正确性。外购的软件包应选择目前比较成熟的产品，供应商应相对稳定，以便于软件产品版本的升级与维护。

3. Windows 客户端要求

硬件：CPU 建议 Intel 酷睿六代 I3 以上，内存推荐 1GB 以上，硬盘 250G 以上空间。

软件：Windows 7，IE 10.0 以上。

4. 网络要求

城市水环境管理平台从硬件、软件、数据库到应用模块的开发均要求实现网络化。其系统需能够在多用户、并发操作的网络环境下运行，并符合图文处理一体化、业务数据管理一体化、用户界面操作一体化等要求。

2.4.4 运行维护需求

1. 运行维护内容

城市水环境管理平台运行维护主要包括：主机和存储设备的检修、校准及定期更换备件；网络链路维护管理、网络安全管理和软件管理。其中，网络链路维护管理包括网络日常管理、定期检查、故障诊断等内容。网络安全管理包括网络日常管理、主机和数据库日常管理维护、异常诊断、问题处理等。软件管理主要针对应用软件、系统软件、支撑平台等提供日常管理、升级和使用技术支持，及时发现并处理异常诊断。

2. 服务制度及方式

城市水环境管理平台通过先进的在线故障记录管理系统,记录所有故障申报,并对故障记录处理的全部内容进行跟踪管理,便于相关人员随时查询及更新状态。同时,平台设置自动升级报警系统,可及时向相关的管理和技术人员告知故障信息。平台提供电话、网络和现场服务,定期回访,并可定制服务支持。

3. 运维管理制度

为保障平台高效运行,除技术手段外,从设计、开发和实施各个环节,针对运行维护岗位、服务处理流程、服务方式、问题分类及响应时间、机房管理制度等内容制定相应规章制度。

第3章 城市水环境管理平台总体设计

3.1 设 计 概 述

3.1.1 设计原则

城市水环境管理平台紧密围绕党中央、国务院提出的"水十条"要求，整合环保信息资源和相关业务，及时、准确、全面地公开城市水环境质量信息，通过提供环境质量状况查询，在线收集公众建议和监督举报信息，充分调动公众参与环保监督的积极性，提升城市水环境治理监管能力。管理平台设计时，遵循以下原则。

（1）功能完备：平台功能应实用、完备，满足业务需要，并充分吸收成熟先进技术，特别在系统架构和整体发展思路上应与国际惯例接轨。

（2）可靠稳定：系统在设计中应紧密结合具体业务，力求操作简单、快捷，且易于使用和维护。方案设计须具有较高的可靠性，关键设备、关键部件应有冗余配置，提供各种故障的快速恢复机制。

（3）运行安全：采取各种措施，确保安全运行，防止系统被攻击、数据被损坏及泄密等各种意外事故发生。

（4）可发展性：平台建设要有前瞻性，符合信息化的发展趋势，确保满足长期开发利用的需要。

（5）保护已有投资：能最大限度地整合现有的功能和内容，最大限度地保护已有的投资。

3.1.2 系统技术特点

1. 以网站内容管理系统作为公众服务总体框架

网站内容管理系统是一套成熟的网站系统，具有内置的门户页面、模块组件、信息发布、信息审核、协助办公、数字媒体、安全扩展及其他功能模块。网站内容管理系统是一种允许政府和企业等快速、高效地建立部署，并维护高度动态化外部、内部网络及企业外部网络 Web 站点的企业级 Web 内容管理系统。网站内容管理系统以内容存储为对象，智能服务器在接收到用户请求时，快速组织网页并显示到用户端，提高了特定内容的重复利用效率，并可将内容发送到不同的设备和用户端，避免了复杂的程序设计和资源浪费。使用网站内容管理系统，企业和组织可轻松地与合作伙伴、供应商和客户共享网站内容，而不会受到平台或程序设计语言的限制。以网站内容管理系统作为总体框架，可以实现政务公开、公众参与、信息发布等功能。

2. 与内网业务系统结合实现网上申报及数据审核

内网业务系统与外部公众服务网站之间存在着双向的数据和信息的流转，如图 3-1 所示。其中，数据上报的普遍技术路线是地方部门通过外网上报数据，相关管理部门通过内部网络负责数据处理、整合，最后由相关管理部门负责在外网公布数据服务供其他用户使用。

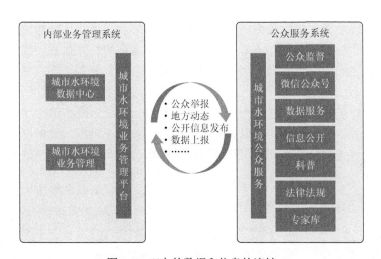

图 3-1 双向的数据和信息的流转

内网业务系统网络通过逻辑隔离与外网服务器相连。内网业务系统可以直接访问外网相关的网上数据上报系统的数据库，实现从外网的数据导入，以及相关数据服务和信息的外网公示。为了安全起见，外网的程序或网站不能访问内网的数据库，即通过单向的数据访问实现内外网两个方向的数据流转。

3. 基于 ArcGIS 服务的地图功能

GIS 是在计算机软硬件系统技术支持下，对地理数据进行采集、存储、管理、运算、分析、显示和描述，并解决复杂规划、决策和管理问题的空间信息系统。GIS 以多种地理空间数据及其相互关系为管理对象，包括空间定位、图形数据、遥感图像数据、属性数据等，分析各类数据在一定区域内的空间分布特征。GIS

虽然不是一个自动决策系统，但是能够为决策提供查询、分析和地图数据支持功能，为科学决策提供更直观、便捷的数据信息。

ArcGIS 是由 ESRI 公司开发研制的一套完整的 GIS 应用平台。基于该平台可以完成 GIS 开发，地理信息的浏览，地理数据的编辑、分析和存储，以及地理信息的发布等功能，是目前市场上流行的 GIS 应用平台之一。ArcGIS Server 主要完成地理信息数据发布的功能，提供一系列的 Web GIS 应用程序将地理数据和地图以服务的形式发布。城市水环境管理平台中涉及的 GIS 功能主要应用 Web GIS 技术。

3.2　系统架构设计

3.2.1　总体架构

城市水环境管理平台是面向公众的信息发布平台，也是环保相关部门业务管理的信息化平台，及时发布丰富、实用、透明的水环境相关信息，实现公众和环保相关部门之间的交流互动，使平台成为服务于公众、服务于管理部门的综合性平台。

城市水环境管理平台基于浏览器和服务器（browser/server，B/S）的层级架构，如图 3-2 所示，业务应用从逻辑上分为表现层、业务逻辑层、数据层。表现层是向网站客户端提供公众访问的门户界面及向平台管理员提供管理功能界面。业务

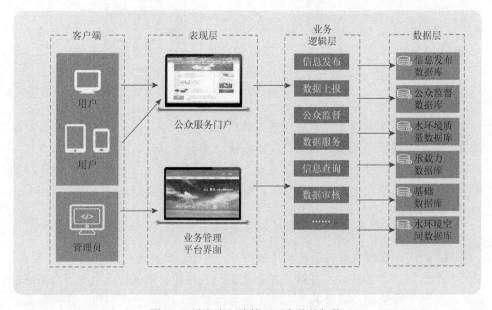

图 3-2　城市水环境管理平台总体架构

逻辑层支持业务功能在界面上的实现，包括信息发布、数据上报、公众监督、数据服务、信息查询、数据审核等。数据层是指数据库中各类数据储存。

3.2.2　系统实现框架

城市水环境管理平台采用分层设计技术和组件技术相结合，基于 B/S 层级架构，平台整体应用系统分为基础平台层、业务层、服务支撑层和应用层等四个层次。同时，从.Net 框架体系、信息安全体系、统一运维管理框架体系和标准化体系四个体系，构建平台信息安全运维体系，如图 3-3 所示。

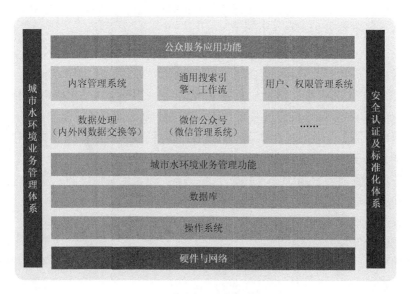

图 3-3　城市水环境管理平台设计

1. 平台应用系统架构

城市水环境管理平台应用系统涉及基础平台层、业务层、服务支撑层和应用层，是一个有机整体。基础平台层是指数据库、Web 应用服务器；业务层是实现城市水环境管理的主要业务功能；服务支撑层是用来构建系统功能的中间平台；应用层是实现公众服务平台系统的各项功能。

1）业务层

主要是面向环保相关部门及技术人员实现业务管理功能，包括城市水环境质量评估、水环境问题解析、数据中心、水环境承载力评估预警、绩效考核等。

2）应用层

主要是实现公众服务平台的功能，包括一方面向公众提供信息访问、数据下载、问题咨询等功能；另一方面向后台管理者提供信息管理功能。其中后台管理者又分为面向平台运维管理的技术管理人员和面向平台内容信息采集、发布、更新的内容管理者。

3）服务支撑层

服务支撑层由内容管理平台、系统管理平台、交互式组件管理平台、通用支撑服务平台、数据处理服务平台、文件资源管理平台、邮件服务平台和报表服务平台等八大平台组成，为城市水环境管理平台的应用功能提供支撑。

内容管理平台是指提供站点内容存储管理功能、模板编辑与管理功能、模块管理功能，发布内容动态生成与静态发布，实现网站内容管理的可视化模板编辑，体现所见即所得的功能，便于内容维护人员管理网站。

系统管理平台是指提供用户组和用户管理、权限管理功能。

交互式组件管理平台是将公众服务平台作为公众与城市水环境管理业务系统交互的通道，提供交互应用，实现网站和访问者之间的交流沟通。

通用支撑服务平台是指提供搜索引擎服务、简易信息聚合（really simple syndication，RSS）服务和信息发布过程中的工作流支撑服务。

数据处理服务平台是将数据处理层作为内容管理系统的底层支撑，涉及内容包括数据交换平台和数据访问对象，实现内外网信息交换。

文件资源管理平台用于管理各应用系统产生的大量文件资料。

邮件服务平台是指向公众及管理者提供邮件服务。

报表服务平台是指用报表服务来实现用户自定义报表。

4）基础平台层

基础平台层包含数据集成、数据分析/数据挖掘服务、数据库/数据仓库和操作系统等内容。

数据集成：包含两个含义，一方面是针对目前地方环保监测信息孤立，相关管理部门内部系统数据孤立的问题，建设打通基础平台，整合环保相关数据，将这些数据产生综合性价值；另一方面在应用打通、整合数据的基础上，优化环保业务流程，采用成熟的数据集成工具，既能满足当下需求，又能够充分考虑将来业务的拓展和变化。

数据分析/数据挖掘服务：数据综合在一起形成数据仓库，但是如何能够发挥这些数据的作用，就需要我们对数据进行分析，针对不同的数据模型、丰富的分析主题，将历史数据提炼成为决策、管理、业务、预案、预处理、资源调配等各方面的科学依据。同时，结合用户的业务模式、业务特点及将来的发展进行分析，通过对城市水环境管理业务的深入分析，建议采用集成性强、实现灵活、前端界面易用的数据分析服务软件。

数据库/数据仓库：数据库的技术已相对成熟，本系统使用的数据库需要支持各个应用子系统产生的业务数据及承载集成的综合数据。由于本系统涉及数据存储、数据管理、数据集成、数据抽取、数据分析、数据展现等综合数据管理平台的内容，故需要高度集成数据库管理的各个组件和模块，而不是分拆成各个模块分别购买建设，否则影响后续集成、维护工作。

操作系统：针对各地环保部门的人员配备和技术水平，在操作系统方面需要选择易维护、易操作的操作系统，避免项目实施后给管理部门带来不必要的压力。

网络与硬件：在本系统中使用的网络和硬件需要尽量充分利用现有资源。

2. 平台信息安全运维体系

城市水环境管理平台信息安全维护体系包括.Net 框架体系、信息安全体系、统一运维管理框架体系和标准化体系。

1）.Net 框架体系

本系统包括多个应用子系统的建设，为保障各子系统能够在一个框架体系下建设，避免各子系统再次各自独立，采用.Net 框架体系。该体系技术成熟、有专业厂商技术支持、产品全、产品应用广泛、部署快、用户界面优异、模块化搭建、易升级、易扩展、性价比高、易操作、易维护，同时还能够适应业务不断变化的需要。

2）信息安全体系

由于.Net 框架体系有着庞大的用户群体，在接受各种环境使用检验的同时，在.Net 框架体系下从前端的防病毒、防木马、防攻击，到后端的防火墙、防攻击、安全策略一致性检查等，形成了一整套信息安全体系。

3）统一运维管理框架体系

本系统是一个内部包含很多应用模块的复杂系统，随着平台投入使用，必将给相关部门运维工作带来巨大压力，故本系统规划了统一的运维管理框架体系，使信息部门能够集中监控和管理，充分降低信息部门运维工作压力。

4）标准化体系

建设城市水环境管理平台并共享信息标准化成果，把技术、组织管理等各方面有机联系起来，形成统一整体，保证项目有条不紊进行，实现系统的易扩展性和易维护性。

3.2.3　系统架构优势

基于城市水环境管理平台的业务应用特点，结合信息化建设的发展规划，以.Net 为框架体系，同时，在整个信息化建设中秉承成果共建共享原则，采用成熟产品，形成标准组件，将各业务子系统的共性模块进行封装，使信息化建设更规范、更有条理。

（1）结合了面向服务的架构（service-oriented architecture）部署方式，将城市水环境管理平台的业务信息化建设成为前端展现层，即用户的接入层。系统或架构的好坏取决于是否可以让用户使用满意，而这种满意度很大程度上来自前端界面的友好程度。

（2）在实现架构中采用成熟的技术产品，为整个系统的维护、扩展、替换、升级等带来便利，可最大限度地降低项目风险，保证将来应用的稳定性。

（3）该系统实现的架构是基于.Net框架建设的，保证项目在统一的框架下，可视各子系统一方面相互独立，另一方面又存在非常强的黏合度。

（4）在系统架构中考虑与现有各业务系统的接口：在用户接入方面，系统采用的技术均支持Web Service标准，在界面上保证了管理平台能够被外在系统开放式调用，同时，也具有非常强的调用外在系统界面的能力。在应用方面，系统所有应用层的开发都需要遵循必要的技术标准，同时，将应用的共性部分抽取作为服务组件进行打包，保证各应用子系统在能够相互调用的情况下保持各自独立。在数据层，通过建设数据互联互通组件，可随时衔接各种应用系统的数据，并且使这些数据能够按照标准的XML格式进行传递和互换。

（5）保证各部分在遵循相同技术标准下，分别独立建设，并无风险地将各个组件快速拼凑起来，形成黏合度高的完整系统。

（6）容量纵深扩展，系统架构能够保证随着业务的发展，及时便捷调整以应对功能的复杂性和数据的膨胀。并且随着业务发展，功能横向扩展，各子系统在各个层面打通壁垒，以求多系统协同交流和处理业务。

（7）在设计系统架构时，充分考虑其在将来运行的稳定性，以规避项目建设的风险，根据对业务的分析，系统选择了目前主流的技术和软件产品，将软件包形成标准组件，供在建系统和将来其他系统进行调用。保证组件一次建设多次使用，多业务共享，避免信息化重复建设。

3.3　应用系统设计

3.3.1　平台设计

1. 关键点设计

城市水环境管理平台在系统建设中体现"以人为本"，以服务公众为中心，实现信息公开、公众监督、全文检索等功能，反映城市水环境管理工作相关进展。

公众可通过服务平台随时随地查阅公开信息，了解环保部门相关工作动态。同时，针对城市水环境管理相关业务需求，如城市水环境质量评估、水环境问题解析等内容，进一步简化业务流程，增强平台系统的可扩展性。基于公众服务建设和业务化管理工作的建设要求，城市水环境管理平台的建设充分考虑平台界面设计、突出重点服务设计、内容检索设计、信息管理合理化设计、系统易管性设计、应用可扩展设计和安全性设计等七项关键点。

2. 栏目设计

城市水环境管理平台对外主要实现信息公开、与外界的互动联系。平台为公众提供了访问各种应用和信息资源的入口，通过公众服务平台，可及时查阅已发布的公共消息，如城市水环境质量状况、城市水环境质量排名、城市水环境管理相关政策法规、环境保护相关知识等水环境相关信息。同时，了解公众对城市水环境管理工作的要求，并接受公众监督。对内可将公众服务平台获取的监督信息，整理成城市水环境管理的业务需求进行处理，再将处理结果通过公众服务平台发布。

依据城市水环境管理平台的建设需求、服务对象及信息发布内容，平台网站栏目建设涵盖信息公开、公众监督、数据服务、微信公众号、科普、法律法规和专家库七项主要模块，如图 3-4 所示，此外，平台还设置了网站导航、网站搜索、友情链接等应用功能。

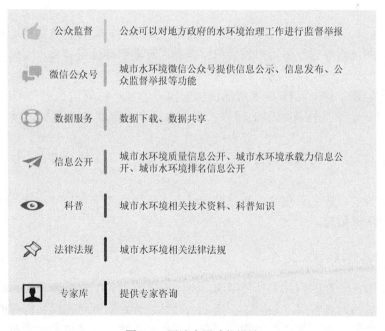

图 3-4　网站应用功能设计

3.3.2 公众服务应用功能模块

公众服务平台的应用功能包括面向外网访问者的门户应用功能和面向网站管理者的网站管理功能两个层面。其中，面向网站管理者的应用又细分为面向网站建设的管理者（技术人员）和面向网站内容的管理者两个方面。

1. 门户应用功能

公众服务平台面向社会公众提供信息公开、公众监督、数据服务、环保业务专家咨询、科普知识普及和通过电子地图查看水环境质量状况信息等功能，提供站内相关全文信息检索、站外信息检索、整站导航、电子邮件服务，并针对网站界面设置、栏目设置等内容提供个性化服务支持。

信息公开：提供面向社会公众的信息公开服务，完成对外宣传、信息公开、咨询服务的功能，实现对网站的信息维护、运行监督的一体化、自动化管理；该系统分为前台和后台两个系统，前台供公众使用，后台供信息维护人员使用。

公众监督：主要是公众对各地环保部门城市水环境治理相关工作的监督，公众可以在线提交对当地水环境治理情况的具体建议，管理部门能够及时获取公众反馈的意见。

专家咨询：通过网上咨询模块，社会公众可查询、咨询和监督当地城市水环境状况，网站内容管理者可对留言进行答复。定期整理留言和处理意见，建立对公众信息的处理、反馈制度。

电子地图：基于 GIS 技术的地图信息展示方式，将环境数据与 GIS 关联起来，实现从地图上查看城市水环境状况，如地表水水质监测数据、城市排名结果等。

信息检索：支持组合检索、分类检索、模糊检索、区域检索、个性化检索等功能。

整站导航：建立直观性、系统性的城市水环境管理平台导航系统，便于公众快速查找所需信息。

2. 网站管理功能

公众服务平台的网站管理包括面向网站内容管理者的内容管理和面向网站管理技术人员的站点管理，如图 3-5 所示。网站内容管理者负责网站内容即各类公开信息、新闻、专题报道的发布。平台提供内容管理、信息审核与发布、信息传输与管理等支持信息发布的相关功能。网站管理技术人员主要负责整个网站的运行维护，包括用户管理、一般网站功能管理、个性化服务管理、网站日志管理、网站的系统安全管理、站点统计分析管理、文件上传与下载服务和权限管理，以及与业务管理系统的接口设计和管理等其他服务内容。

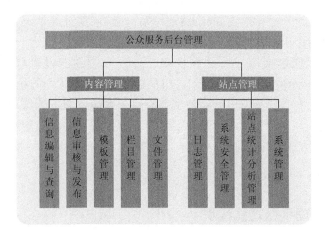

图 3-5　公众服务后台管理设计

（1）信息编辑与查询功能包括信息编辑和信息查询。信息编辑提供所见即所得的网页编辑器，用户可以快速录入信息，调整信息样式。同时，可按栏目、文章标题、关键字等条件检索信息进行信息查询。

（2）信息审核与发布是指网站管理员审核信息发布人员申请发布的信息，审核通过后，信息在网站相应页面显示。

（3）模板管理即提供模板入库、编辑等功能。

（4）栏目管理即提供栏目设置等功能。

（5）文件管理是指管理系统提供内容上载的功能，可以支持内容的上载和移植，将已经数字化的内容上载到系统，可直接上载各类文件，包括可添加图片、Word、Excel、PowerPoint、PDF 等任何类型的文件。此外，还可以直接管理站点文件，不需要使用另外的 FTP（file transfer protocol）工具，支持 RAR/ZIP 等上传直接解压，支持图片预览，支持各种格式文件的下载。

（6）日志管理即记录平台所有子应用系统的操作事件日志，提供接口供外部系统的操作事件日志记录，以及提供接口定期生成统计报表供系统管理员查阅。

（7）系统安全管理。安全是系统的重要组成部分，系统采用事前安全和事后安全等一系列安全管理措施和工具组件，从应用层安全、用户角色权限安全、安全套接字层（secure socket layer，SSL）加密安全、用户注册登录安全、数据备份恢复安全及日志跟踪分析安全等方面全方位考虑，实现系统的高度安全性。

系统采用全新的.Net 安全机制，使得系统的安全性得到提升，解决了整个系统的安全性问题。同时，系统有完善的事前备份、登记与事后跟踪的功能，能够有效地防止黑客进攻。

（8）站点统计分析管理主要包括稿件统计、访问统计、单一页面访问记录、咨询投诉信息统计和站点访问量统计。

（9）系统管理包括用户管理和权限管理。各子系统以轻量目录访问协议（lightweight directory access protocol，LDAP）作为用户管理的统一支撑。LDAP中存储用户的基本信息及用户针对各主要应用子系统或服务的选项配置表（如姓名、密码、组信息、邮件地址、可使用的应用子系统）；在各应用模块中存储用户针对应用的详细信息及权限控制列表（如信息发布的具体权限、增值服务的开通服务设置等）。

3.3.3　业务管理平台功能模块

1. 数据中心

数据中心模块为整个平台提供集中式的数据综合管理，便于系统扩展时能够进行数据的综合利用，本模块提供以微软 Excel 格式文件为数据源和目标文件的数据导入、查询和导出等功能。

（1）数据导入：为了导入某种类型的数据，平台使用者需先下载该种数据类型对应的 Excel 模板文件，按照模板文件格式要求，填写数据并保存在本地目录中。然后使用界面上提供的选择功能，选择该 Excel 数据文件进行上传。上传过程中如有格式错误等问题，系统会将错误数据重新导出成 Excel 格式的文件供用户下载修改后再次上传。涉及的数据类型包括水环境质量数据、承载力数据、污染源数据、管控目标数据及背景数据等五大类。其中，污染源数据可细分为市县污染源数据、工业企业污染源数据、农业污染源数据、农村生活污染源数据、畜禽污染源数据等。管控目标数据包括水质目标数据、承载力目标数据和地方项目数据。背景数据包括水资源数据、经济数据、政策法规等内容。

（2）数据查询和导出：区别于传统的按属性查询方式，系统采用关键词查询方式进行数据查询。用户填入要查询的关键词，系统会自动匹配各字段中的适合内容。关键词之间以空格为分隔符，系统以"与"的逻辑关系组合关键词进行查询。查询结果将以表格形式展现，选中表格的某一行可以对该行数据进行修改或删除，可以导出 Excel 格式的文件。

2. 城市水环境质量评估

城市水环境质量评估模块按照《城市地表水环境质量排名技术规定（试行）》中的排名算法，对城市水环境质量进行评估，主要包括自定义计算模型、水质评估脚本、指数评估脚本、排名数据管理、评估结果展示、水环境质量报告生成及下载等功能。

（1）自定义计算模型：系统提供计算城市水环境质量评估所用到的参数列表，可利用这些参数使用 JavaScript 脚本语言编制计算程序，再将计算程序以文本文件形式提供给系统，系统自动调用程序，完成计算任务，实现自定义计算模型的功能。

（2）水质评估脚本：用 JavaScript 脚本语言编制计算程序，实现城市水质达标率及断面水质等级计算。

（3）指数评估脚本：用 JavaScript 脚本语言编制计算程序，实现城市指数得分及断面指数计算。

（4）排名数据管理：实现排名历史数据查询、导出、排名结果分析。

（5）评估结果展示：以专题地图、统计图表和数据列表三种形式进行评估结果展示。专题地图根据用户选择的排名范围，以不同尺寸的图标显示对应的城市排名。统计图表以直方图形式将用户选择的排名范围内的城市进行对比展示。数据以列表的形式将用户选择的城市列出。

（6）水环境质量报告生成及下载：读取水环境质量报告 Word 模板，按照模板内容自动填充数据生成水环境质量评估报告，并保存至文档服务器供下载使用。

3. 污染源解析

污染源解析模块主要包括污染源空间数据管理、污染源分布专题图、污染源数据上报及污染源统计分析等功能。

（1）污染源空间数据管理：污染源空间数据管理主要是对工业企业、污水处理厂、畜禽养殖厂等相关污染源数据进行管理。

（2）污染源分布专题图：结合图表、污染源数据列表等信息，按行业及污染源类型在地图上展示污染源分布。

（3）污染源数据上报：实现工业污染源、农村生活污染源、市县城镇生活污染源、农业面源污染、畜禽养殖污染源等的数据上报、审核。

（4）污染源统计分析：实现污染源与水质响应关系分析，并在地图上展示污染物迁移过程、水质浓度变化等信息。

4. 承载力评估预警

承载力评估预警模块主要包括自定义计算模型、评估结果展示、成因分析、承载力预警、承载力评估报告生成及下载等功能。

（1）自定义计算模型：系统提供计算承载力评估所用到的参数列表，可利用这些参数使用 JavaScript 脚本语言编制计算程序，再将计算程序以文本文件形式提供给系统，系统自动调用程序，完成计算任务，实现自定义计算模型的功能。

（2）评估结果展示：承载力评估结果展示模块提供按分类等级、行政区划对计算结果进行统计分析的功能，统计结果以图表形式展示。

（3）成因分析：系统将保存承载力计算中的关键指标值，以大数据分析的方法对关键指标进行统计分析，将超过统计均值的关键指标按城市进行列表，供相关人员进一步分析该城市水环境承载力超载的成因。

（4）承载力预警：对于承载力评估结果大于阈值的城市，系统以专题地图形式提醒，如在地图上将超载城市以红色醒目的图标显示，图标大小代表超限程度。

（5）承载力评估报告生成及下载：读取承载力评估报告 Word 模板，按照模板内容自动填充数据生成城市水环境承载力报告，并保存至文档服务器供下载使用。

5. 管控目标

管控目标模块包括城市水环境承载力管控目标确定、环境准入及区域限批、城市水环境分类结果展示等功能。

（1）城市水环境承载力管控目标确定：评估指标因子对城市水环境承载能力的影响，实现城市水环境承载力释放计算模型。

（2）环境准入及区域限批：结合国家生态红线、功能区划、各类保护区等背景数据，根据剩余水环境承载力和承载力释放方法，确定各城市发展环境准入及限制条件，提出不同区域的限批要求。

（3）城市水环境分类结果展示：以城市水环境分类结果专题图形式展示，图层信息包括城市面层、点层及分类结果数据。

6. 绩效考核

绩效考核模块包括考核评估、考核结果展示、考核数据管理、考核报告生成及下载等功能。

（1）考核评估：按考核指标对各考核城市评分，考核指标包括水质达标率、水环境质量改善情况、水环境承载力变化、项目库执行情况、公众满意度指数、目标责任书完成情况等。

（2）考核结果展示：以地图形式展示各城市考核结果。

（3）考核数据管理：各城市绩效考核数据查询、导出、报表分析。

（4）考核报告生成及下载：读取考核报告 Word 模板，按照模板内容自动填充数据生成报告，并保存至文档服务器供下载使用。

7. GIS 模块功能

城市水环境各业务应用子系统需要采用国家地理信息标准规范进行基础地理信息数据库建设和环保专题地图建设。

（1）建立基础空间数据库：空间数据库包括基础地理信息、流域水生态环境功能分区、水环境质量监测、污染源等数据。实现在 Web 中对地图编辑，包括地图放大缩小，距离测量，查找对象信息，编辑点、线、面对象，历史数据查询，空间数据打印，数据备份及恢复等功能。

（2）空间数据库分析：空间数据库分析包括缓冲区分析、叠加分析、网络分析、拓扑关系判定及计算等。其中，缓冲区分析可实现单个几何对象的缓冲区、多个几何对象的复合缓冲区、环状缓冲区、多半径缓冲区分析。叠加分析是指几何对象之间根据需要进行交、并、差、异或等运算。网络分析包括最短路径分析、最优路径分析、连通性分析。拓扑关系判定是指几何对象之间需要进行包含、相交、相离、相等、相邻关系判定。

3.4　关键技术说明

3.4.1　内容管理技术

内容管理平台以信息共享为目的，面向海量信息处理，是集信息数字化、信息分布式存储、信息管理、信息挖掘分析、信息传播为一体的管理平台。内容管理技术将以数字化方式保存的各类内容（声、像、图形图片、文字等）进行统一存储，并利用高效的查询手段对数字信息进行查询和检索，用数据挖掘技术实现对数字内容的智能分析处理，使得这些数字内容能够得到充分的利用。

从内容管理的角度可以将内容的生存周期划分为内容创建、内容管理、数据挖掘和内容发布四个阶段。内容创建阶段是内容数字化的过程，通过这一过程将非数字化形态的内容转换为数字化形态。内容管理阶段是将数字转换之后的内容以一定的方式存储在各种存储介质中，并运用各种编目和归类的方法，将数字内容分门别类地存放好，并保证内容的安全性。数据挖掘阶段是对内容进行智能分析和处理的过程，从海量数据中获取有用的知识，能从更高的层面利用数据内容。内容发布阶段是内容的再利用过程，在前面各阶段的基础上，通过多种查询手段，将内容提取并经各种渠道、媒体进行传播。用于发布的信息可以是直接从内容管理中提取的内容，也可以是利用所提取的内容再组装后的内容。组装的过程同时也是新内容产生的过程。由此，内容从创建到管理，从管理到分析挖掘，从分析挖掘到发布，再可以回归到创建，周而复始，信息不断地产生、流动，在流动中不断地提升价值。这是内容管理区别于传统的文件管理或数据管理的根本所在。

3.4.2　Web GIS 开发技术

随着计算机、网络、数据库等技术的应用，GIS 技术飞速发展，产生了基于互联网的 Web GIS，其具有可视化、平民化、个性化及本地化等特点，已广泛应用于国土、资源、环境保护等诸多领域。

（1）可视化：地理信息技术的引入解决了孤立的信息无法在人的脑海中产生空间感和方位感的问题，使得信息跨越网络距离具有方位性。

（2）平民化：Web GIS 可为用户在生活、购物、工作、旅游、出行等各方面的活动提供便捷的解决方案，并且该方案可分享给任何上网用户。

（3）个性化：Web GIS 为用户提供了一种新的信息查询方式，信息显示也更加精准且具有多种选择性。通常在电子地图上，用鼠标拖动地图，找到对应地点后，点击对应建筑物即可显示该区块的相关信息；点击信息窗口，可了解各类信息的详细属性。

（4）本地化：承载于地图上的地理坐标及代表地上建筑物、信息源的相应图标与"本地"真实信息可实现无缝连接，并且随着技术的进步还可以解决实时更新等问题。电子地图的视觉效应还会进一步强化网站的本地化。

3.4.3　全文搜索技术

电子信息大致可分为两类：结构化数据和非结构化数据。结构化数据是通常意义上的数据；非结构化数据则是一些文本数据、图像及声音等多媒体数据。据统计，非结构化数据占有整个信息量的 80% 以上。目前，常用关系数据库管理系统（relational database management system，RDBMS）管理结构化数据。但是由于RDBMS 底层结构的缘故，它无法管理大量非结构化数据，特别是在查询海量非结构化数据时速度较慢。而全文检索技术则能高效地管理非结构化数据。

经过近年来的发展，全文检索已从最初的字符串匹配程序演变为能对超大文本、语音、图像、活动影像等非结构化数据进行综合管理的软件。由于内涵和外延的深刻变化，全文检索系统已成为新一代管理信息系统的代名词。衡量全文检索产品的指标为查准率和检索速度。查准率是保证找到有用资料的关键指标，是指系统在进行某一检索时，检索出的相关资料量与资料库中相关资料总量的比率。检索速度（响应时间）是指从提交检索课题到查出资料结果所需的时间。

搜索引擎是全文检索技术较主要的应用之一。目前，搜索引擎的使用已成为收发电子邮件之后的第二大互联网应用技术。搜索引擎起源于传统的信息全文检索理论，即计算机程序通过扫描每一篇文章中的每一个词，建立以词为单位的倒排文件，检索程序根据检索词在文章中出现的频率和不同检索词在文章中出现的概率进行排序，最后输出排序结果。

好的检索引擎是理想站点的关键。很多人在访问一个站点时喜欢使用站点检索，站点检索应是分类目录导航和全文检索的完美结合，具体包括以下方面：分类目录导航的关键是检索范围，检索范围的限制能使得检索结果不会太多、太滥；全文检索对于站点检索是必不可少的，在通常情况下能够帮助人们很快地找到所要的网页；有时利用分类目录导航和全文检索还很难定位到所要的信息，这时就要组合检索辅助。此外，要考虑 HTML/XML 的特殊性、支持大量并发用户突发访问、Web 站点的动态特性、索引维护效率高等方面。

3.4.4　XML 技术

可扩展置标语言（extensible markup language，XML）最早出现于 1996 年，并于 1998 年成为 W3C 的推荐标准，其允许用户自定义标记。XML 出现后，由于其具有可扩展性、自描述性，允许使用者自定义标记的特点，日益成为数据交换的标准，是目前标准制定者的有力工具。XML 技术广泛应用于信息交换，具有良好的可扩展性和可读性，常用来配置各种应用系统软件。

第4章　应用支撑系统设计

4.1　应用支撑平台设计

系统的应用支撑层支持应用层和业务层各种功能的实现。城市水环境管理平台的应用支撑平台从内容管理、安全管理、权限管理、内外网数据交换及其他应用实现来支持城市水环境管理平台的运行、维护和更新。

公众服务平台应用支撑系统包括站点内容管理平台、系统管理平台、交互式组件管理平台、通用支撑服务平台、文件资源管理平台、地理信息平台和邮件服务等支撑模块。

4.1.1　站点内容管理平台

站点内容管理平台系统采用最新的 Microsoft.Net 技术框架，汲取了国外著名的内容管理系统如 Vignette 的 V6、Interwoven 的 TeamSite 等优点，结合国内用户的实际需求，经长期的内容管理实践而开发形成，有利于用户降低生产成本，提高工作效率。系统的可视化在线模板编辑器属于国内首创，填补了国内空白。站点内容管理平台提供内容存储管理、自由模板引擎、模块组件管理、静态缓存发布系统、内容管理平台功能等功能。

1. 内容存储管理

内容存储管理包括网站栏目管理、网站文章管理、系统管理和文件管理等内容。

1）网站栏目管理

网站栏目可自由设置任意级子栏目，进行栏目属性修改、位置移动、排序和分组。不同栏目可选择不同模板类型，进行不同排版模式选择。

2）网站文章管理

网站文章管理采用图文混排形式，将信息内容进行所见即所得的图文编排，可实现像 Word 文档中的文字排版编辑系统功能，同时保留其在 Word 文档中已排版内容。文章管理系统可直接加载包括图片、Word、Excel、PowerPoint、PDF、ASF、RM、ZIP 等各类文件，并对这些文件进行调用和管理，供浏览者浏览下载使用。采用最新的 Web Editor 编辑器，界面允许使用不同 Office 版本风格，允许插入各类特殊字符。增加 Word 中图片直接上传功能和垃圾代码过滤功能，将 Word 中全部内容带格式粘贴到 Web 页面，并使用"CSS 风格单生成系统"来控制格式。

3）系统管理

系统管理允许选择"审核""不审核"两种类型，进行信息提交。对上传的文件夹进行统一设置，并可由后台统一设置站点风格。采用多用户权限管理模式，将用户管理系统分为用户管理、角色管理、部门管理等。授权不同角色访问不同的功能，同时授予不同角色对网站栏目的不同权限，如管理、审核、文章编辑、前台浏览等。设置待办工作模块，将登录用户需要审核的文章与登录用户所属文章直接列出，方便操作。

4）文件管理

不需要使用另外的 FTP 工具，可使用后台 Web 文件管理系统直接管理站点文件。支持 RAR/ZIP 等上传直接解压，支持图片预览和文章审核管理。所有文章须经审核后才能在网站上发布，审核管理者可在后台看到待审核数量及文章内容，一次或分篇审核。设置访问流量统计管理系统，包括站点流量统计和栏目流量统计。

2. 自由模板引擎

在自由模板管理上，尽量采用简单的处理规则，方便操作使用。将后台引擎复杂的技术与前台简单的处理规则进行结合，实现动态模板创建、维护和管理。采用 ASP.Net 的用户控件技术，在页面的业务逻辑层进行抽象提炼，采用分离后台代码的方式进行模板标记处理。为了能够采用简单的静态 HTML 页面来制作模板，又能实现模板动态交互内容，扩展了静态 HTML 页面的标记，定义了简单的模板标记对象，将其嵌入任意的静态 HTML 页面中。模板标记对象是简单的文字标记，用来标记模板对象，提高系统运行时的速度和效率。通过创建自动化的模板标记识别和自动转化为服务器用户控件代码的引擎，系统将自动解析标记，并将整个模板自动转化为动态模板文件，将所有标记替换成.Net 能够运行的服务器代码，有利于进行模板设计，解决了系统速度和效率难题。通过实际操作，自由模板引擎已经为客户带来了高效、易用的体验。

在自由模板管理中，将模板分为频道模板、模块模板、模块细览模板三大类，分别应用于主机或不同的站点。频道模板是指整个网页频道的设计样式，包含页头、页尾和中间内容的样式，也可只设计中间内容样式。频道模板可以应用到主机、站点，决定网站整体风格与样式。模块模板是针对频道中加载的不同模块的设计样式，包含模块标题、样式和个性化等装饰样式。模块模板可应用到各个模块中，将决定网站频道内容的细致风格与样式。模块细览模板是针对某些模块需要采用弹出页面来显示更多信息或内容,对弹出页面进行模板设计。通过模块细览模板可实现不同模块页面样式的管理,可应用到需要详细浏览内容各个模块,决定更多页面的风格与样式。

同时,结合系统提供的所见即所得的模板管理工具和模板 Wizard 向导,可对模板进行可视化管理,便于模板选择及编辑,并有利于对模块样式进行编辑与维护,实现页面样式的个性化。通过自由模板引擎管理,任意复杂的模板样式均可实现快速管理。自由模板管理主要特点如下:

(1)支持任意 HTML 编辑器制作频道、模块和模块细览模板的功能;

(2)支持所见即所得的模板创建、编辑、加载和管理功能;

(3)支持自由模板引擎管理、自由模板宏对象、静态模板自动预编译转化为动态模板功能;

(4)支持模板资源库管理和在线模板资源下载管理;

(5)支持模板 Wizard 向导创建管理,模板库与模板统一资源管理;

(6)提供主机模板、站点模板、频道模板、分栏模块模板、模块模板、模块细览模板等不同模板等级管理和模板默认与继承管理;

(7)提供模板宏对象任意扩展能力、模板宏对象属性管理、模板宏对象容错能力;

(8)提供模板预览、模板复制、模板压缩 ZIP 格式下载、模板 ZIP 包上载等功能;

(9)提供模板 CSS 样式的管理,包括主机样式、频道样式、站点样式、模块样式的设置和样式先后的管理;

(10)支持模板本地图片路径引擎自动转化、单一目录多个模板支持功能;

(11)支持模板 CSS 样式表编辑、模板 XML 属性编辑、模板复制、模板删除、模板粘贴、模板重命名、模板插入置标的管理功能、模板缩略图自动创建功能。

3. 模块组件管理

模块组件是指实现各个不同功能的独立内容版块、交互内容、业务功能模块等组件。通过模块组件的方式扩展系统,将系统层和功能层分开,将业务层和管理层分开,实现网站内容管理系统的无限扩展。城市水环境管理平台充分采用 Microsoft 的 ASP.Net 的架构技术,由 Microsoft 提供底层架构,结合用户控件等最新技术,体现模块化组件的思想,使得系统具有更优的安装模块、卸载模块、校验模块的功能,并支持标准的第三方模块开发,实现系统功能的扩展。

组件化的模块优势主要体现在对不同的产品厂商无法提供的业务模块或需求,可进行单独开发,开发后的模块可直接加入系统中,与系统无缝链接,继承系统的站点、频道、模块、权限、模板等全部管理属性,提高了模块的功能,降低了模块开发的成本。组件化模块支持在线下载安装与维护。模块组件管理主要特点如下：

（1）支持模块模板、模块细览模板、模块样式等设置和管理，并可提供个性化模块；

（2）支持模块各种属性设置，包括模块权限安全、模块频道移动、批量模块显示、模块频道定位、模块高速缓存、模块镜像等管理；

（3）支持模块不同管理样式设置，模块额外费用计算及模块日志等功能；

（4）支持第三方任意功能模块开发，系统提供模块开发的工具包、模块开发例程与帮助文档，支持 20 多种开发语言进行开发，为模块开发提供便捷环境；

（5）支持与 Visual Studio.Net 开发平台的无缝集成，可实现在 VS.Net 直接新建模块；

（6）模块开发语言多样化，支持所有 VS.Net 支持的开发语言，包括 ASP.Net、VB.Net、C#等编程语言，具有跨语言的优势；

（7）系统提供模块校验、模块上载自动安装、模块卸载功能，并提供类似操作系统级的应用管理服务；

（8）对于模块管理可以支持业务类型的功能模块开发和表现形式的模板模块开发；

（9）支持模块内容和设置 XML 的导入/导出功能，支持 RSS 聚合功能、模块打印功能；

（10）支持任意模块页眉、页脚功能，实现复杂模块模板样式。

4. 静态缓存发布系统

静态缓存发布系统包括 HTML 页面生成、反馈系统和调查系统，也可以选择其他外挂系统。其中，HTML 页面生成是指新内容发布的同时立即生成相应内容的 HTML 静态页面。反馈系统主要是对反馈信息的处理和统计。调查系统包括问卷管理、问题管理、选项管理、答案统计等内容。

5. 内容管理平台功能

内容管理平台功能主要包括所见即所得的编辑功能、XML 数据表述和可视化在线模板编辑。

内容管理平台的内容录入界面充分考虑内容维护人员可能不精通 HTML，但会使用 Word 等办公软件的实际情况，使系统界面与 Office 产品紧密集成，可直接从 Word 中拖动一块内容到内容管理平台中进行操作，也可在内容管理平台中直接进行文字的排版处理，如改变字体类型、字体大小、字体颜色、背景颜色及对齐样式等；还可插入图片，调整图片的位置、大小，与文字进行环绕等。系统甚至可自动为图片生成缩略图，点击后查看大图。系统支持插入 Flash 动画、超级链接、特殊字符、音频、视频等功能，并自动将插入的图片、Flash 等文件上传到系统中合适的目录。此外，内容管理平台采用统一的底层格式表述标准——XML标准，为以后进一步实现多系统的内容传递、内容增值处理打下坚实的技术基础。

大部分内容管理系统能结合模板自动生成页面，减轻了页面制作人员的工作量。在这样的系统中，模板制作一般分两步完成，第一步由美术设计人员设计模板的外观风格，第二步由精通模板制作的程序员来编制代码。还有一些系统提供了 Dreamweaver 或 Frontpage 两种模板定义语言插件，可运用 Dreamweaver 或 Frontpage 软件进行模板设计，这种方法理论上无需编写任何代码，但由于其提供的模板插件数量多，且没有可编辑属性，故实现比较复杂的页面比较困难，为保障页面效果依然需要编辑代码。

4.1.2　通用支撑服务平台

1. 搜索引擎服务

由于访问城市水环境管理平台的主要目的是访问针对城市地表水环境状况的资料，进行相关业务咨询，所以检索功能在城市水环境管理平台公众服务子平台中是不可缺少的功能。通过设置系统的搜索引擎，可实现对站点、站点集群的全文搜索功能，达到类似 Google 的搜索机制效果，实现海量信息随时随地搜索的目的。平台除了全文搜索引擎之外，还提供了基于数据库的精确定位搜索，实现随需应变的搜索解决方案。具体特点如下：

（1）支持中英文混合检索；

（2）支持结构化数据和非结构化数据的混合检索；

（3）允许使用文中任意字、词、句和片段进行检索；

（4）全方位检索手段：提供多种检索运算符，包括外部特征与正文内容的各种逻辑组合检索、位置检索、二次检索、渐进检索、历史检索、词根检索、大小写敏感检索、概念检索、对检索结果按与检索表达式的相关性和重要性程度排序等；

（5）多库并行检索技术，对于多 CPU 机器能显著提高检索速度；

（6）完善的高速缓冲存储器技术（包括检索词、短语、表达式的一级或二级缓存技术），支持更多的并发用户访问，并提高综合查询速度；

（7）提供索引的直接访问功能，支持数据的关联性检索；

（8）支持"缺省字段逻辑优选"的运算方式；

（9）支持对检索结果的各种排序；

（10）对多库检索结果进行混排；

（11）支持对文中词不达意的反显；

（12）有完整的应用程序接口，便于二次开发。

2. 内容聚合服务

简易信息聚合（RSS）是站点用来和其他站点之间共享内容的一种简易方式，通常被用于新闻和其他按顺序排列的网站；项目的链接通常能链接到全部的内容。网络用户可以在客户端借助于支持 RSS 的新闻聚合工具软件，在不打开网站内容页面的情况下阅读支持 RSS 输出的网站内容。网站提供 RSS 输出，有利于让用户发现网站内容的更新。城市水环境管理平台提供 RSS 服务支持，能够将网站的内容以更便捷的方式提供给使用者。

3. 信息发布过程中的工作流支撑服务

信息在最终发布供浏览者访问之前，要经过信息采集、信息录入、信息审核等工作流程。特别是当要发布的信息量大、涉及范围广，需要不同部门分别采集、录入和审核时，信息采集和发布系统需要实现对此工作流程的支持。

城市水环境管理平台内置了对工作流机制的支持系统，可方便地设置和调整工作流。例如，某信息在采集和录入后，需要两个不同层次的人审核后才能真正发布，在内容管理系统中只需要更改此类别的工作流，给需要审核的管理者增加一项工作，当两个级别的管理者登录后，就可以看到需要审核的内容。如果工作流程发生了改变，由需要两个人审核变为只需要一个人审核，那么系统管理者只需要简单地更改工作流设置，不需要修改代码。

4.1.3　其他管理平台

1. 系统管理平台

城市水环境管理平台将用户分为公众和内部管理用户，以用户组或用户为单位分配权限。其中，公众主要是指在公众服务平台进行网页浏览的人群，这类人群没有登录账户信息。内部管理用户主要是指系统用户。内部管理用户分类明确，用户权限可灵活组合、分配。系统管理平台可根据需要为内部管理用户提供通信短消息功能，或在用户登录时以弹出小窗口的形式通知消息。

2. 交互式组件管理平台

对于公众服务而言，除了信息发布外还需要一些常用的交互应用系统来实现网站与访问者之间的交流和沟通。交互式组件管理平台运用网站服务模块来实现交互功能，包括在线问题咨询、投票、问卷调查、留言板、论坛等使用功能，用户可以根据需要进行选择，以丰富网站的功能。

3. 文件资源管理平台

网站的建设和运维中会产生大量信息，包括文档、图片、音频和视频，这些多媒体信息日积月累，将成为丰富的资源库，需要一个通用的文件资源管理平台来很好地管理各种应用系统产生的大量文件资料。

4. 地理信息平台

ArcGIS 是目前流行的 GIS 平台软件，主要用于创建和使用地图，编辑和管理地理数据，分析、共享和显示地理信息，并在一系列应用中使用地图和地理信息。ArcGIS 软件通过使用 ArcGIS 桌面、浏览器移动设备和 Web 应用程序接口与 GIS 系统进行交互，访问和使用在线 GIS 和地图服务。城市水环境管理平台采用技术成熟的 GIS 平台来支撑环保与地理信息相结合在管理平台上的应用。基于 GIS 技术的地图类信息展示功能，将环境数据与 GIS 关联起来，实现从地图上直观查看环境数据，形象展示城市水环境相关状况。

5. 邮件服务

邮件服务已不是单纯的邮件接收、发送处理，它已经渗透到办公的每一个环节，例如，可以通过邮件服务发布会议邀请、发起调查、协同组织内容工作日程表；通过邮件收文进行工作流的处理等。同时，人们已经不再局限于在台式机的收件箱中接收邮件，可随时随地地查看邮件，进行邮件处理。

4.2　数　据　接　口

城市水环境管理平台的数据接口用在公众服务子平台系统与其他环境系统间进行信息交换，可支持结构化数据、非结构化数据的封装。数据接口模型由数据结构和数据集组成。其中，数据结构（data structure）是可选元素，用来描述交换信息内容的结构信息。数据集（data set）是必需元素，用来封装具体的交换信息内容。

4.2.1　数据结构

数据结构由信息资源标识、信息资源显示名称、说明性注解、数据项和扩展属性 5 个元素组成，其结构如图 4-1 所示。

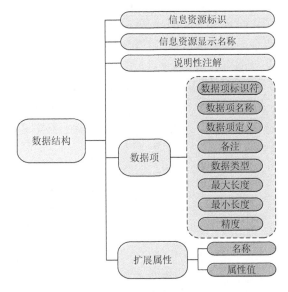

图 4-1　数据结构图

（1）信息资源标识（identifier）：指交换信息的标识符，采用 ISO/IEC 11179 中对标识符的相关规定。该元素为必需的元素。

（2）信息资源显示名称（display name）：信息资源用于显示的名称，可以采用政务信息资源的常用名称，如自然人基本信息、法人基本信息等。该元素为必需的元素。

（3）说明性注解（explanatory comment）：是对信息资源的解释性描述，用于对信息资源进行补充性、提示性说明。该元素是可选元素。

（4）数据项（data item）：是构成数据结构的最小数据单位，一个数据项描述一个指标项的结构。数据项由数据项标识符、数据项名称、数据项定义、备注、数据类型、最大长度、最小长度和精度 8 个元素组成。该元素至少出现一次，可多次出现。其中，数据项标识（ID name）符是指数据项的唯一标识符。该元素是必需的元素。采用惯用的名称作为数据项名称，如企业名称。该元素是必需的元素。数据项定义（definition）是指描述数据项的含义。该元素是可选元素。备注（comments）是数据项的备注信息。该元素是可选元素。数据类型（data type）是数据项取值的类型，包括字符型、数值型、日期型和二进制等 4 种数据类型。该元素是必需的元素。最大长度（maximum size）是指数据项取值的最大长度，不指定时表示没有最大长度限制。该元素是可选元素。最小长度（minimum size）是指数据项取值的最小长度，不指定时表示没有最小长度限制。该元素是可选元素。精度（scale）是指数值型数据项的精度，即小数点后的位数，不指定时表示没有精度限制。该元素是可选元素。

（5）扩展属性（extend attribute）：是指描述数据项的扩展信息，由扩展属性名称和扩展属性值两个元素组成。该元素是可选元素。

4.2.2　数据集

数据集封装信息资源实体，用来封装结构化数据。数据集由一个或多个数据记录组成，如图 4-2 所示。

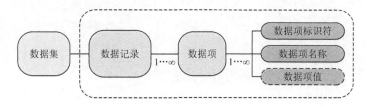

图 4-2　数据集封装信息

（1）数据记录（data record）是组成数据集的基本单位，表示一条记录。例如，关系数据库表的一行，或电子表格的一行等。数据记录由一个或多个数据项组成。

（2）数据项（data item）是组成数据记录的基本单位。例如，关系数据库表中的某个字段，或电子表格中的某个单元格。数据项由数据项标识符、数据项名称和数据项值三个元素组成。

4.3　安全体系设计

城市水环境管理平台的系统安全需要综合考虑环境、软件、硬件、网络、应用和管理多个方面，对于平台的安全设计需从应用安全、系统安全、物理安全、网络安全、信息安全多个方面进行考虑。

4.3.1　总体安全体系

1. 安全体系结构

城市水环境管理平台的安全需求无法依靠任何一项单独的安全技术来解决，必须以科学的安全体系结构模型为依据，基于 ISO 网络安全体系，设计出完备合理的系统安全体系。ISO 网络安全体系结构是一种层次模型，具有四维特征，包括协议层次、安全服务、系统单元，安全体系框架如图 4-3 所示，从三个不同的视角描述了安全体系的基本结构及各个组成部分之间的关系，反映了计算机信息系统的安全需求和体系结构的共性。根据 ISO 网络安全体系结构的原型，城市水环境管理平台信息系统的安全体系结构如图 4-4 所示。

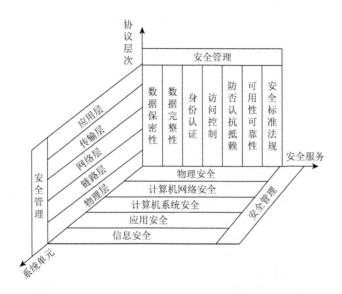

图 4-3　安全体系框架图

安全法律法规和标准规范	应用安全	数据传输加密		信息审计			统一的安全管理
		数据存储安全		终端安全备份			
	统一信任体系	统一密钥管理		抗抵赖		数据完整性	
		用户、设备身份认证与鉴别		动态口令技术		统一授权管理	
	网络安全	访问控制		网络检测监控		网络审计分析	
	系统安全	主机操作系统加固	主机安全审计	防病毒和恶意代码	备份和应急	数据库安全	
	物理安全	硬件设备的安全放置、防电磁泄漏、防雷电			链路加密	存储介质安全	
		电源系统安全			网络和关键设备备份		

图 4-4　城市水环境管理平台信息系统安全体系框架图

图 4-5　安全保障系统概念图

2. 安全概念模型

城市水环境管理平台从安全保障角度出发，可分为信息安全、运行安全、物理安全及安全管理四个部分，如图 4-5 所示。其中，物理安全是基础，运行安全和安全管理是保障，信息安全是目标，由它们共同构成了完整的安全体系。

3. 项目安全措施对应表

城市水环境管理平台的物理层、网络层、系统层、信息交换层、应用层和管理层在安全管理、身份认证体系与基于角色的权限管理、网络结构与传输安全、边界防护安全、局部计算环境安全和容灾备份等方面的安全措施见表 4-1。

表 4-1　安全措施对应表

措施	层次					
	物理层	网络层	系统层	信息交换层	应用层	管理层
安全管理	设备管理规定	网络管理规定	系统评测规范	信息交换规范	系统运行规定	相应的组织机构及职能
身份认证体系与基于角色的权限管理		利用人员和设备证书提供人员和网络设备的身份认证			由应用软件根据身份认证的结果实现基于角色的统一的权限管理	
网络结构与传输安全		网段划分与 IP 分配			采用离线方式实现内外网数据安全交换	
边界防护安全		防火墙和网络入侵检测系统联动；非法外联监控系统实现对非法拨号上网行为的监控				
局部计算环境安全	设备的审计	网络层审计	关键主机加固；系统层审计		病毒和恶意代码防治；应用层审计	管理层审计
容灾备份	数据存储备份；系统容灾恢复				提供重要系统的系统备份	

4.3.2 总体安全方案

1. 基本安全策略和产品选型原则

1) 基本安全策略

在城市水环境管理平台信息系统建设和运行过程中，定期对平台进行整体风险评估，发现安全隐患，及时调整安全策略，实行动态防护。

根据城市水环境管理平台信息系统中应用系统的重要程度和自身安全需求，依据国家标准《计算机信息系统 安全保护等级划分准则》（GB 17859—1999），确定城市水环境管理平台信息系统安全保护的等级，实行按照安全等级适度防护，注重发挥安全投资的效益，最大限度地节省投资。防护的重点放在系统层和应用层的安全上。重点保护局部计算环境和数据文件的安全（如核心数据库、信息采集和发布系统等），确保系统用户身份的真实性和可审核性。

2) 产品选型原则

在城市水环境管理平台安全体系设计时，安全产品的选型必须遵循三个原则：一是所选安全产品必须获得国家安全主管部门的销售认可，符合国家关于信息安全的基本要求。二是所选安全产品必须具有较高的可靠性，是国内主流的、成熟的产品。产品成熟度、厂商本身的发展与经营状况、厂商的服务能力都是评估的关键。三是所选安全产品必须具有可扩展能力，能够适应各种场合的需要，使系统逐步到位。

2. 信息安全技术措施

1) 网络结构与传输安全

网络安全是系统安全方案最重要的一环，对于城市水环境管理平台信息系统来讲，安全可靠的网络设计及相关网络安全措施是系统的第一道安全屏障。网络层安全方案主要是针对黑客攻击、各种病毒设计的。根据管理平台系统的需求，结合以往的经验与业界主流的技术和产品，网络层安全措施包括网络结构设计、防火墙系统、入侵检测系统、安全漏洞扫描系统、防拒绝服务攻击、防病毒系统等。

在网络设计时，应遵循 CMU 结构按两层三面的方式进行网络结构安全设计。网络设计在平面上分为外联层、内部应用层。外联层是指统筹考虑城市水环境管理平台业务子平台与公众服务子平台之间的链接，此管理平台是通过物理隔离实现上述链接的。内部应用层是指为了支持城市水环境管理平台业务化信息系统的运行，各相关管理单位及管理者之间通过网络相互连通、相互开放，构成统一的网络信息平台，包括视频服务器、Web 服务器、DNS 服务器等，为其他业务相关单位提供接入服务的服务器。

为提高管理平台的网络安全性，在纵向逻辑上应用支撑系统分为管理面、业务面和用户面，并实现三个层面的分开，减少对业务和管理的干扰。管理面是指网络管理员、网络安全员所工作的层面，由网络交换设备和服务器群组成，网络管理员通过管理面实施网络管理。业务面是以用户所从事的业务进行分类，可构成跨单位、跨部门的业务网络。用户面是指一般网络用户所在的工作层面。在网络设计时，应在 IP 地址划分、虚拟局域网（virtual local area network，VLAN）技术的使用和路由等方面考虑安全性，确保一般用户无法进入业务面和管理面。此外，在管理面应能够区分多个角色，例如，设置网络管理员以保障网络联通性，设置网络安全员对网络安全政策进行配置，设置网络审计员对网络安全事件进行审计检查，杜绝内部人员非法操作。城市水环境管理平台主要采用离线方式实现内网业务管理平台与外部公众服务的非涉密数据的适度安全交换。

2）边界防护安全

城市水环境管理平台在互联的网络边界处采用防火墙与入侵检测系统联动技术，保证信息系统边界安全。由于业务管理子平台涉及多家单位，使用人员较多，且系统的在线视频监控、在线环境质量数据和污染源监测数据采集系统分别连接了电信专网和移动网络，因而涉及电信专网和移动网络两个网络边界，连接着不同的网络信任域，必须采用统一的网络边界防护体系。

防火墙系统是不同网络信任域互联安全的重要手段，主要实现网络层与应用层访问控制、防御多种攻击、防止 IP 地址欺骗和日志安全审计等基本功能。同时，为了解决可能存在的地址冲突问题，防火墙系统可提供地址转换功能。通过在全网布置可统一管理的基于状态检测技术的防火墙系统，设置统一的防护策略，完成网络层的访问控制。

入侵检测系统是边界防护安全联动的重要组成部分。通过监视网络中的报文，实时发现攻击和非法入侵行为，提供报警信息。并支持与防火墙系统联动，对攻击和非法入侵行为进行及时阻断。防火墙和入侵检测系统联动如图 4-6 所示。

3）局部计算环境安全

加强系统层和应用层的安全是城市水环境管理平台安全保障体系的核心内容，对保障城市水环境管理平台数据的安全起着十分重要的作用。局部计算环境安全包括关键主机系统加固、加强网络控制功能、安全审计系统、漏洞扫描系统和防病毒系统。

关键主机系统加固是指在关键业务服务器上安装主机加固系统，并根据实际运行情况，及时进行策略的修改和调整。对不同的操作系统采取主机加固措施后，大大加强主机系统的安全性。关键主机系统加固主要提供如下安全措施。

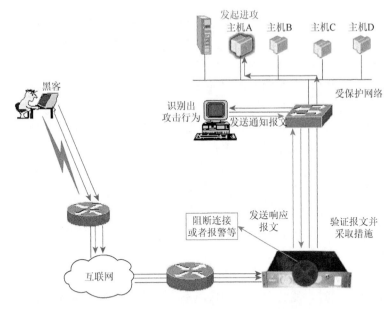

图 4-6　防火墙和入侵检测系统联动示意图

（1）限制超级用户权限：采用权限分离的安全策略，限制超级用户的权利，降低系统的安全风险；

（2）增强系统资源访问控制：用户只能在安全策略规定的设备上和时间内才能访问主机资源；

（3）访问权限细化：除对资源的读、写、执行三种权限外，还定义了更为细化的访问权限；

（4）加强的系统口令管理机制：通过强制性的口令更改机制和复杂度要求，减少攻击口令机制的成功率；

（5）有效的主机访问审计：完整的系统活动审计记录有助于对安全行为的分析和行为追踪，提高安全震慑能力和恢复能力。

加强网络控制功能是指按照网络管理功能设置服务器，并加强网络流量监控和分析，及时发现网络状态异常。

安全审计系统主要对网络系统中的安全设备和网络设备、应用系统和运行状况进行全面的监测、分析、评估，为已经发生的系统破坏行为提供有效的追纠证据，对潜在的攻击者起到震慑或警告作用，提供有价值的系统使用日志，帮助系统管理员及时发现系统入侵行为或潜在的安全漏洞；提供系统运行的统计日志，使系统管理员能够发现系统安全上的不足或需要改进与加强的地方。

安全审计的内容主要包括对操作系统、应用系统、数据库系统和网络应用的审计。其中，操作系统的审计主要包括系统启动、运行情况、管理员登录、操作情况、系统配置更改（如注册表、配置文件、用户系统等）及病毒或蠕虫感染、资源消耗情况的审计；硬盘、内存、网络负载、进程、操作系统安全日志、系统内部事件、对重要文件的访问等内容的审计。应用系统的审计主要是对应用程序重要操作的审计，包括系统运转情况、用户的增加和删除操作、修改用户权限、资料等，还应包括重要应用进程的审计，如 Web 服务器、邮件服务器、中间件系统的运行情况审计。数据库系统的审计主要包括数据库进程运转情况、绕过应用软件直接操作数据库的违规访问行为、对数据库配置的更改、资料备份操作和其他维护管理操作、对重要资料的访问和更改、资料完整性等的审计。网络应用的审计主要包括对网络流量中典型协议分析、识别、判断和记录；对通过 Email、文件共享等协议的入侵检测；流量监测及对异常流量的识别和报警、网络设备运行的监测等。

安全审计系统的管理是审计系统通过统一的集中管理平台，对多种复杂日志格式统一管理；同时，还支持方便的日志查询，能高效管理海量日志，及时发现问题进行综合分析。此外，为安全事故发生后的调查取证提供可信的第一手资料。在城市水环境管理平台信息系统中，所有安全审计的记录应予以及时备份并保存半年以上，以利于监督管理。

漏洞扫描系统能对网络中设备进行自动的安全漏洞检测和分析，模拟漏洞分析专家及安全专家的技术，提供基于策略的安全风险管理。可在任何基于 TCP/IP 的网络上应用，城市水环境管理平台采用目前主流的漏洞扫描系统对网络及各种系统进行定期或不定期的扫描监测，并向安全管理员提供系统最新的漏洞报告，使管理员能够随时了解网络系统当前存在的漏洞并及时采取相应的措施进行修补。

防病毒系统主要包括管理和技术两方面。在管理方面，应制定一套有关防病毒系统的规章制度，在日常管理中堵住病毒流入和导出的途径。在技术方面，应根据城市水环境管理平台信息系统涉及面广、各种应用服务器操作系统并存、系统运行中一般不允许中断的特点，在局部关键网络管理中心设置一个防病毒主控制中心，完成全网防病毒系统的集中统一管理。功能包括：系统安装、系统配置、任务管理、报告管理、智能化病毒源追踪、智能查找和填补漏洞、实时报警管理等。在各地设置防病毒控制分中心。根据病毒和恶意代码的最新发展动态，及时通过各地的防病毒控制分中心，进行统一的病毒特征码的自动升级及防毒策略的统一制定和修改，使得防病毒设备和软件达到最佳的结合效果。防病毒系统通常应具备以下特点：

（1）能对全网的防病毒设备和软件进行统一的病毒特征码的升级；

（2）基于策略的中央控制分级管理模式，策略以从上至下的方式执行；

（3）资源占用低，性能优越；

（4）自动适用增量升级方式；

（5）支持跨平台的统一控制台管理；

（6）安装、升级后无需重新启动计算机系统；

（7）具有对自身的通信加密及对病毒的免疫防护功能。

同时，在城市水环境管理平台信息系统安全子系统建设过程中，还应建立一支应急响应和技术支持队伍，及时有效地对重大突发事件做出响应。

为了向城市水环境管理平台信息系统提供灵活、快捷的网络防病毒支持，确保内部网络不受病毒侵扰，可确定方案设计目标，编制网络防病毒方案。防病毒方案应支持 Windows 系列、Linux、Unix 等多种操作系统平台；支持全网远程同步杀毒，可在一台计算机上通过移动控制台对全网络所有计算机进行病毒查杀；支持全网远程操作及远程报警、全网自动安装及自动升级，具有先进的分布式管理技术和自适应邮件客户端软件，对 POP3 和 SMTP 邮件进行监控。通过行为判断技术防范未知邮件病毒入侵，并防范恶意脚本网页。

4）身份认证体系与基于角色的权限管理

身份认证体系是城市水环境管理平台安全保障体系的重要安全基础设施。通过对用户（设备）的鉴别，确定用户（设备）访问网络资源和信息资源的访问控制级别与访问控制方式，提供应用系统中个人身份的鉴别和网络设备的鉴别两个层次的鉴别。因此，在综合安全性、经费、工期、开发便利性和扩展性等诸多因素后，建议城市水环境管理平台信息系统采用网络设备鉴别技术方案。

基于角色的权限管理是指通过控制不同用户对信息资源的访问权限，实现统一的权限管理，确保主体对客体的访问只能是授权的，未经授权的访问是不允许的，其操作也是无效的，对用户尽可能提供细粒度的控制。在城市水环境管理平台信息系统中，采用基于角色的权限管理供各应用系统控制的技术方案。在安全系统中，只考虑相关人员和设备的身份认证。

5）容灾备份

容灾备份包括数据备份、系统备份、安全设施部署、设备管理和应急响应系统等五个内容。

（1）数据备份：采取集中式的数据备份与恢复，利用镜像和独立磁盘冗余阵列（redundant arrays of independent disks，RAID）技术来保证城市水环境管理平台信息系统数据的物理安全性。各级数据库采取定期异地备份等措施。其中定期异地备份采取增量传输技术，并针对业务的不同需求，选择同步复制或异步复制。对重点数据库系统，采取镜像技术保证数据库的安全。

（2）系统备份：在系统出现故障，无法正常运行，甚至陷入瘫痪时，最关键的问题就在于如何尽快恢复计算机系统，使其能够正常运行。这就要求我们配置相应的系统备份软件，通过宽带网进行系统备份。系统备份是实现系统灾难恢复的前提之一。

（3）安全设施部署：考虑到资金投入、网络效率等方面的因素，我们认为对城市水环境管理平台信息系统的上述安全措施应该分层次部署，有重点的保护。对于数据资源中心可采取关键主机系统加固和容灾备份措施，对于相关管理机构可采用入侵检测、漏洞扫描、病毒检测、安全审计等措施，对于其他环保业务单位采用防火墙、权限管理、VLAN 划分等措施。

（4）设备管理：建设城市水环境管理平台网络安全体系涉及众多网络安全设备。合理管理和配置设备、保障设备协同工作、发挥联动防御安全风险是非常重要的。建议引进一套综合安全管理平台，统一管理和监控各种安全设备运行状况，增强设备的可管理性和可配置性。例如，实现对网络设备、服务器的配置可管理性，保证系统配置只能由指定的管理员在指定的终端设备或服务器上进行，避免配置混乱带来的系统安全隐患。

（5）应急响应系统：建立一套应急响应系统，辅助应急响应小组对突发安全事件的处理和运行故障的排除，紧急恢复受影响的系统和网络。该系统与安全管理平台及应用系统集成，协同相关安全设备和应用系统快速恢复和紧急封堵安全漏洞。

4.3.3 安全管理措施

1. 信息安全管理措施

安全管理是安全保障体系的重要组成部分，它贯穿于网络系统设计与运行的全过程。没有健全的安全管理，系统的安全性是很难保证的。通过规划安全策略、确定安全机制、明确安全管理原则和完善安全管理措施，建立各种规章制度和准则，合理地协调法律、技术和管理三方面因素，实现对系统安全管理的科学化、系统化、法制化和规范化，保障城市水环境管理平台信息系统安全。

2. 安全管理机构

城市水环境管理平台信息系统的安全，除有可靠的安全技术设施作保障之外，还必须有专门的安全管理机构、专门的安全管理员、完善的安全管理制度。建立有效的安全管理体制，赋予安全管理机构及安全管理员一定的职能权限，对保障信息系统安全目标的实现具有极其重要的意义。

安全管理机构的职能如下：

（1）负责与信息安全有关的规划、建设、投资、人事、安全政策、资源利用和事故处理等方面的决策和实施；

（2）应根据安全需求建立各自信息系统的安全策略、安全目标；

（3）根据国家信息系统安全的有关法律、法规、制度、规范建立和健全有关的实施细则，并负责贯彻实施；

（4）负责与各级国家信息安全主管机关、技术保卫机构建立日常工作关系；

（5）建立和健全本系统的系统安全操作规程；

（6）确定信息安全各岗位人员的职责和权限，建立岗位责任制；

（7）审议并通过安全规划，年度安全报告，有关安全的宣传、教育、培训计划；

（8）对已证实的重大安全违规、违纪事件及泄密事件进行处理。

在安全管理机构下建立应急响应小组，其主要职能：一是建立技术交流机制，加强横向各技术单位之间的技术交流和协作。建立与国家计算机网络应急技术处理协调中心的业务协作机制，共享网络监控预警情报。二是建立一支应急响应和支援的技术队伍，对包括病毒防治、防止网络入侵、关键数据修复和技术人员重大任务和突发情况等应急情况进行支援。三是建立专门的服务队伍提供包括威胁与脆弱点分析、安全风险分析、系统安全设计、安全需求分析、系统安全测试和安全保密培训等各类安全服务。

3. 安全管理制度

安全管理制度是保证城市水环境管理平台安全的基础。各级安全管理机构需要通过一系列规章制度的实施，来确保各类人员按照规定的职责行事，做到各行其职，各负其责，避免责任事故发生和防止恶意侵犯。完善的安全管理制度涉及社会保障信息系统的各个方面，在系统设计及实施过程中，要逐步制定和完善包括主要人员安全管理制度、设备安全管理制度、运行安全管理制度、安全操作管理制度、安全等级保护制度、有害数据防治管理制度、敏感数据保护制度、安全技术保障制度、安全计划管理制度等。

4. 安全教育与培训

安全教育与培训是系统安全性设计的重要组成部分。通过对用户的不断教育和培训，提高用户的安全意识、法制观念和技术防范水平，确保城市水环境管理平台信息系统的安全运行和用户的权益，可根据用户的不同层次制定相应的教育培训计划及培训方式，必要时对各级系统用户建立持证上岗制度。

4.3.4　分项安全措施

1. 网站安全

网站安全包括内外网物理隔离、网络防病毒和防黑客攻击、备份系统和磁盘镜像以及防网页篡改等措施。

（1）内外网物理隔离。考虑到城市水环境管理平台部分应用信息的敏感性，在业务子平台和公众服务子平台之间采取有效的物理隔离措施。

（2）网络防病毒和防黑客攻击。为帮助网站系统应对日益猖獗的病毒威胁及黑客威胁，需考虑网络防病毒措施，并在网站系统内部署漏洞扫描和入侵检测系统。

（3）备份系统和磁盘镜像。为防止系统遭到意外破坏，需要设计系统备份方案，在系统的应用服务器和数据库服务器采用磁盘镜像系统。

（4）防网页篡改。为防止网页被恶意或恶作剧篡改，需要考虑在网站应用服务器安装基于数字水印技术的防网页篡改系统。

2. 系统安全

系统安全包括应用层安全、用户角色权限安全、SSL 加密安全、用户注册登录安全和日志跟踪分析安全等内容。

（1）应用层安全。系统采用.Net 的 Form 认证方式，结合 Microsoft 的 C2 级安全认证体系进行管理，实现统一的应用安全认证服务，实现网站内容管理系统、应用系统的安全保障。

（2）用户角色权限安全。系统在信息和管理层，提供对用户、角色的权限控制管理，保证权限可以分配到每一个用户或每一个角色，实现信息和交互的分等级、分权限的管理能力。同时，在用户角色权限设置过程中，支持对活动目录的认证，支持 LDAP、支持 ASP.Net Membership 用户认证管理功能。

（3）SSL 加密安全。系统提供对频道信息的 SSL 加密安全通信管理，以及对用户名、密码的 SSL 加密和密钥的管理，实现网络信息传输过程中的安全保障。

（4）用户注册登录安全。城市水环境管理平台提供用户的登录与权限的失效时间设置、用户注册登记信息的有效性认证管理，支持对系统管理员、公众服务管理员、操作员、审批人员、注册授权用户或注册未授权用户、匿名用户等不同的用户等级进行管理，并结合授权码的认证管理，实现注册登录自动安全管理。

（5）日志跟踪分析安全。网站运行监控与统计分析系统向网站提供页面访问计数、排行和访问详细分析服务。分析网站流量，对站点及任意页面的访问流量进行数据分析；分析会话数等众多统计分析指标，并就网站分析结果形成统计报告。对于各种异常情况进行跟踪，解决在事后安全处理中对事故原因的调查。系统采用全新的.Net 安全机制，使得系统的安全性得到提升，解决系统的安全性问题。同时，系统有完善的事前备份、登记与事后跟踪的功能，能够有效地防止黑客的进攻。

4.4　标准化体系设计

4.4.1　标准化建设目标

标准化工作是组织、协调城市水环境管理平台建设发展的重要手段。通过制定和贯彻执行各类技术标准，从技术上、组织管理上把各方面有机联系起来，形成统一的整体，保证平台建设有条不紊地进行。国内外信息化的实践证明，信息化建设要发挥标准化的导向作用，确保其技术上的协调一致和整体效能的实现。城市水环境管理平台的标准体系包括城市水环境质量评估标准、城市水环境承载力评估标准及承载力预警标准。

由于城市水环境质量评估、城市水环境承载力评估及承载力预警标准体系建设是复杂的系统工程，为保证标准体系建设的顺利进行，城市水环境管理平台标准体系建设目标包括：建立并不断完善城市水环境质量评估、城市水环境承载力评估、承载力预警标准体系，为城市水环境管理平台建设提供支持与服务；制定城市水环境管理平台关键基础标准，为系统互联互通、信息共享、业务协同、信息安全打好基础；建立城市水环境管理平台标准贯彻实施机制，为标准的实施提供有效服务。

为实现城市水环境管理平台标准体系建设目标，按照"统筹规划、面向应用、突出重点、分工协作"的方针，依托现有资源和信息化工作基础，坚持自主制定与采用国际标准相结合，遵循"统筹规划，借鉴经验；突出应用，狠抓关键；急用先上，循序渐进；搭建平台，集思广益；上下兼容，协调发展"的原则，加强与示范应用的有机结合，强化标准实施与监督力度，为城市水环境管理平台信息系统建设提供强有力的支持、保障和服务。

4.4.2　总体标准结构

城市水环境管理平台信息系统标准化是按照环境信息系统总体技术参考模型和标准体系的定位，充分考虑标准体系的纵横关系制定的，如图 4-7 所示。

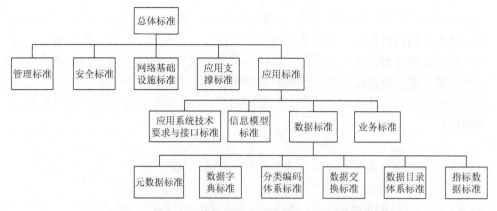

图 4-7　城市水环境管理平台信息系统标准化体系设计

（1）总体标准是指城市水环境管理平台信息系统总体性、框架性、基础性的标准和规范。具体内容为设计标准体系框架、技术架构体系框架、标准化设计指南等具有总体性的、原则性的标准和规范。总体标准主要是用来指导和约束诸如应用标准、应用支撑标准、网络基础设施标准、安全标准、管理标准等具体标准。

（2）应用标准是标准体系建设中较主要的模块之一，涉及内容非常广泛。具体包括业务标准、数据标准、信息模型标准、应用系统技术要求与接口标准。

（3）业务标准主要是针对系统的业务应用需要设定的业务规范和操作标准。标准制定过程主要是通过对业务流程的梳理，结合未来业务发展趋势制定相应的符合未来业务发展趋势及管理意图的业务规范和相应的操作标准。

（4）数据标准是标准体系建设过程的关键内容，是作为信息资源的重要表现形式，对信息载体的数据资源进行标准化建设。数据标准具体包括元数据标准、数据字典标准、分类编码体系标准、数据交换标准、数据目录体系标准、指标数据标准。

元数据标准：元数据标准是数据标准建设的根基，也是数据标准化建设的前提条件。需要结合实际业务需求及国家相应的标准和规范制定符合要求的元数据标准。

数据字典标准：数据字典是数据规范管理的重要工具，数据字典的标准制定要结合业务数据特点，在国家相应的标准及元数据标准的基础上制定。

分类编码体系标准：分类编码体系标准是对数据信息资源进行分析利用的前提，也是业务数据规范的重要依据。具体内容包括编码规范、代码体系及代码变更标准体系。

数据交换标准：数据交换标准是数据信息资源利用的重要标准，是保证数据信息资源有机互联的重要保证。

数据目录体系标准：数据目录体系标准是建立数据资源检索体系的前提条件，是对数据资源规范管理的重要手段和依据。

指标数据标准：指标数据标准是通过明确指标分类、技术属性、数据类型、长度和精度等，为指标数据分析与运算提供规范性要求。

（5）信息模型标准主要是针对信息化建设中业务应用系统的功能模型而制定的标准。

（6）应用系统技术要求与接口标准主要是针对应用系统建设过程中技术应用的标准体系及应用系统接口规范的标准体系。

（7）网络基础设施标准是为城市水环境管理平台信息系统提供基础通信平台的标准，主要有基础通信平台工程建设、网络互联互通等方面的标准。

（8）安全标准包括为城市水环境管理平台信息系统提供安全服务所需的各类标准，主要有安全级别管理、身份鉴别、访问控制管理、加密算法、数字签名和公钥基础设施等方面的标准。

（9）管理标准是为确保城市水环境管理平台建设质量所需的有关标准，主要有城市水环境质量评估标准、污染源解析标准、城市水环境承载力评估、项目验收标准等。

4.4.3　平台标准化

城市水环境管理平台标准化体系结构，包括信息能力项目建设标准、环境信息术语标准、环境信息系统集成规范、环境信息系统分类与代码规范、污染源编码、信息网络管理维护规范、数据库建设与运行维护管理规范和信息能力建设标准指南等部分构成，如图 4-8 所示。

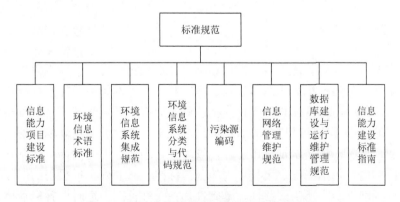

图 4-8　城市水环境管理平台标准化体系结构

信息能力项目建设标准包括基础网络建设标准、数据库建设标准、环保业务应用系统建设标准、安全系统建设标准、人员和基础设施等配套建设标准及信息建设项目管理规范。

环境信息术语标准包括收词规则和术语定义等内容。

环境信息系统集成规范包括网络集成规范、数据集成规范、应用集成规范。其中，网络集成规范主要指接入网络系统集成规范、交换网络系统集成规范、网络安全系统集成规范、网络应用服务器系统集成规范、网络规划和管理系统集成规范等。数据集成规范主要指数据内容标准（数据资源分类目录、内容及其数据格式规范）、数据整合方式标准（数据接口、导入 Excel、dbf 格式）及数据传输标准（传输方式、传输频率规范）。应用集成规范主要指用户身份认证集成规范、环境地理信息集成规范及业务流程集成规范。

环境信息系统分类与代码规范包括分类方法、类别确定的规定、环境信息类别的编码方法及环境信息类别代码列表。其中，环境信息类别代码列表包括环境保护信息、环境质量与生态环境信息、污染源信息、环境管理业务信息、环保技术信息和其他相关信息的分类与代码。

污染源编码包括对环境污染源信息制定分类标准；污染源的名称和代码的含义统一化、规范化；确立代码和信息之间的一一对应关系，做到一源一码。

信息网络管理维护规范是指网络接入层系统管理维护规范、网络交换系统管理维护规范、网络安全系统管理维护规范、网络应用服务器系统管理维护规范、网络管理系统和技术资料管理维护规范、机房管理维护规范。

数据库建设与运行维护管理规范包括数据库建设标准、人员管理标准、系统管理标准、操作管理标准、数据资源管理标准。

信息能力建设标准指南包括标准规范制定流程管理和标准规范分类管理维护。

4.4.4　工作任务

根据城市水环境管理平台标准化结构，详细分析管理平台建设需求，其项目标准化工作任务包括标准化总体设计、建立和完善标准体系及加强标准贯彻实施等三部分。其中，标准化总体设计包括：确定城市水环境管理平台项目标准化目标；确定城市水环境管理平台项目标准体系框架；建立城市水环境管理平台项目标准化管理机制，以及制定城市水环境管理平台项目标准化指南。建立和完善标准体系工作内容包括：确定工程可用的我国标准；研究确定拟采用的国际标准和国外先进标准；制定所需的共性、基础性、关键性标准；适时调整标准体系及重点标准制修订项目。加强标准贯彻实施工作内容包括：制定标准贯彻措施，加强贯彻的管理与检查；开发相应的标准应用辅助工具；与工程应用紧密结合，推行试行标准并根据试行情况对标准进行完善；建立标准符合性评定机制，确保标准实施的有效性及完善标准咨询与服务体系。

4.4.5　标准化建设

标准化建设是一项长期的基础性工作，需要根据城市水环境管理平台实际情况进行分阶段实施。结合信息化标准体系建设经验，城市水环境管理平台标准化建设过程可分为体系规划、标准研制、试用验证、培训与宣传、应用实施、监督与完善等六个阶段，如图 4-9 所示。

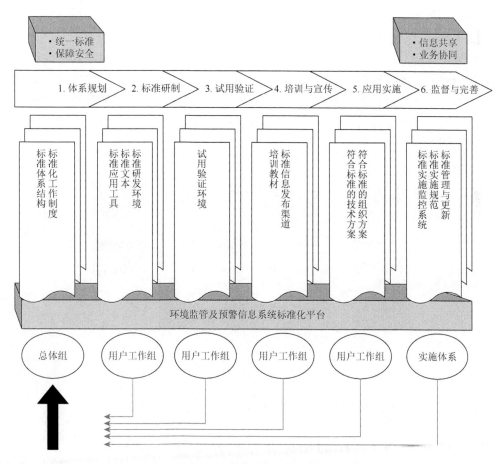

图 4-9　城市水环境管理平台标准化建设过程

第5章　城市水环境管理数据调查及数据库建设

5.1　技　术　路　线

为落实国务院"水十条""以水定城、以水定地、以水定人、以水定产"的城市环境管理需求，依据城市水环境评估框架，开展城市水环境质量调查研究，进行数据来源与调查方法分析，通过确定基本原则、工作程序、数据获取途径，对东北、华东、华南、西北、西南五个区域七个典型城市进行了水环境调查，数据涵盖水环境基础地理信息数据、水文水质数据、典型河段信息、社会经济数据、城市生态环境数据等。针对调查中存在的共性问题和需求，提出城市水环境信息元数据建设、数据挖掘、监测网络优化、城市水环境代谢分析等关键技术方案。围绕城市水环境管理开展的基础数据调查及数据库设计，初步把握我国典型城市的水环境现状和演变过程，为城市水环境管理平台构建提供基础数据支撑，技术路线如图 5-1 所示。

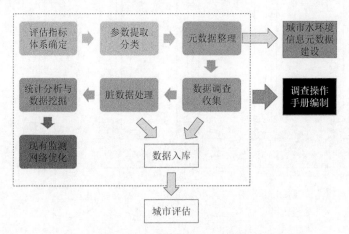

图 5-1　城市水环境管理数据调查技术路线图

5.2　评估指标体系与基础数据需求

城市水环境管理平台数据库建设选择城市水体水环境容量、水环境压力与支撑力、可持续城市水指数、城市水环境代谢等四类数据，开展基础数据调查与分析。

5.2.1　城市水体水环境容量

水体水环境容量[29]是指在不影响水正常用途的情况下，水体所能容纳污染物的量或自身调节净化并保持生态平衡的能力。适度地利用水环境容量资源是防治水污染的有效途径。利用水环境容量空间定义来对城市水环境进行评估，形成水环境容量指标体系，一般分为水环境容量绝对空间、水环境容量相对空间指标。具体水环境容量计算方法和数据需求可参见《全国水环境容量核定技术指南》。

5.2.2　水环境压力与支撑力

指标体系法是最常用的城市水环境管理考核方法[30]。城市水环境考核指标体系主要从水环境压力、水环境支撑力两方面进行考核。水环境压力指标及水环境支撑力指标体系见表 5-1 和表 5-2。

表 5-1　水环境压力指标

水环境压力指标	定义
污径比	（Ⅴ类＋劣Ⅴ类污水处理厂排水）/河流平均径流
城镇污染负荷入河率	（城镇污水总负荷−城镇污水处理厂实际削减负荷）/城镇污水总负荷
农村污染负荷入河率	（农村污水总负荷−农村污水实际处理能力）/农村污水总负荷
城镇下垫面不透水率	不透水面积/城镇总面积
化肥施用比率	（单位面积化肥施用量−最小值）/（最大值−最小值）

表 5-2　水环境支撑力指标

水环境支撑力指标	定义
地表水达标断面比率	达标断面个数×100%/考核断面个数
生态基流保证率	生态基流保证天数×100%/365
水草林地比例	（林地＋草地＋河湖水面）/总面积
岸带高生态功能用地比例	岸带（湿地＋绿地）面积/总面积
自然岸线保有率	自然岸线长度/岸线总长度

5.2.3　可持续城市水指数

面向城市可持续发展，考核城市优化利用水资源以应对未来发展的潜力，筛选建立了可持续城市水指数。可持续城市水指数可分为水弹性指标（6 个）、水效率指标（5 个）、水质量指标（6 个）共 17 项指标。具体指标及其定义见表 5-3～表 5-5。

表 5-3　水弹性指标

水弹性指标	定义
水紧缺指标	淡水回收占当地总可用水量的百分比
绿地指标	城市绿地面积占城市总面积
水灾害风险	城市不同类型与水相关的自然灾害发生的数目（包括洪水、风暴、干旱、泥石流）
洪水风险	1985～2011 年间发生洪水的次数
水文平衡	月降水量过多或不足
储水量	相对于城市总供水量，距城市 100km 内的水库容量

表 5-4　水效率指标

水效率指标	定义
损失量	在过境中损失的水的比例，包括未付费消耗、表观损失、物理损失
水费	平均每立方米水送至用户的成本（相对于城市平均收入）
计量水	计量用水的家庭百分比
再利用废水	再利用废水占废水产生总量比例
服务连续性	连续性服务，全网平均每天工作时间

表 5-5　水质量指标

水质量指标	定义
卫生	获得改善的卫生设施家庭所占比例
饮用水	有安全饮用水家庭所占比例
处理的废水	处理过的废水的比例
与水相关疾病	每个人与水相关疾病发病率
受威胁的淡水两栖动物	世界自然保护联盟分类的受到威胁的淡水两栖动物物种的百分比
天然水体污染	磷的浓度和沉积物产量

5.2.4　城市水环境代谢

面向城市给排水系统及水循环，筛选建立基于城市水环境代谢分析[31]的城市水系统状态评估方法及城市水资源与环境调控方法。

城市水环境代谢是指水资源经过城市系统的工业、生活、杂用等利用，以及人工循环系统、污水处理厂等处理后，除了部分水量消耗外，大部分水质发生变化，最终被排放到自然界水文大循环中的过程。它最早由丹保宪仁于 21 世纪初提出[32]。分析方法包括工业代谢分析法[33]、物质流分析法[34]和生态足迹[35]等方法。城市水环境代谢模型如图 5-2 所示。

5.2.5　数据需求

城市水环境管理平台所需调查、整理的数据主要是水环境基础地理信息数据、水文水质数据、典型河段水动力数据、社会经济数据、城市生态环境数据及其他数据等。

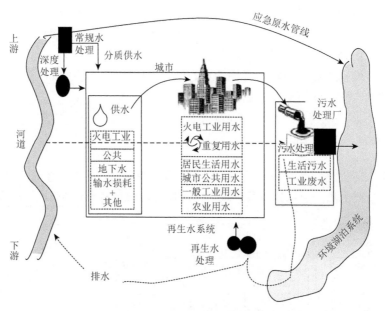

图 5-2　城市水环境代谢模型

（1）水环境基础地理信息数据包括河流长度、行政区、断面经纬度、断面编号等信息。

（2）水文水质数据包括不同水期（丰水期、枯水期、平水期）地表水水温、COD、悬浮固体（suspended solids，SS）、TN、NH$_3$、TP 等 24 项水质指标值以及涉及水域类型、水体级别、流量、流速等的水文参数、底泥数据。

（3）典型河段水动力数据包括 COD、TN、NH$_3$、TP 等污染物降解系数、河流离散系数等。

（4）社会经济数据包括产业结构、人均 GDP、水排放量等。

（5）城市生态环境数据包括计算统计各类型地面面积、不透水面积、城市总面积、化肥施用面积等指标所需的基础数据。

（6）其他数据包括气象、供排水、污水处理厂排污信息、农村污水总负荷、生态基流保证天数等。

5.3 数据来源与调研方法

5.3.1 基本原则

城市水环境管理平台所需数据在调查整理时，遵循如下三项原则。

（1）针对性原则：针对各地区水环境特征，开展各水文水质及水动力数据调查，为水环境的评估提供依据。

（2）规范性原则：采用程序化和系统化的方式，规范水环境数据的收集和调查过程，保证调查过程的科学性和客观性。

（3）可操作性原则：综合考虑调查方法、时间、经费等因素，结合科技发展的专业技术水平，使调查过程切实可行。

5.3.2 调查技术路线

城市水环境相关数据调查分三个阶段：数据收集阶段、信息整合与分析阶段、数据库和管理信息平台构建阶段。城市水环境数据调查技术路线如图 5-3 所示。

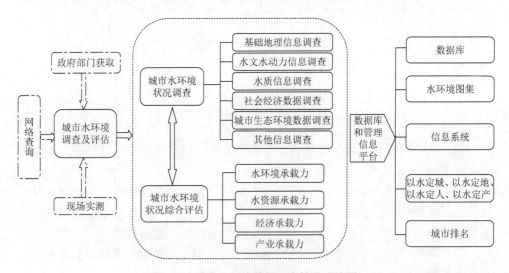

图 5-3 城市水环境数据调查技术路线图

第一阶段为数据收集阶段。通过网上资源整合、向相关部门提取数据、现场取样勘测等方式获取数据，为城市水环境调查及评估提供数据支撑。

第二阶段为信息整合与分析阶段。首先对调查的信息按照基础地理信息调查、水文水动力信息调查、水质信息调查、社会经济数据调查、城市生态环境数据调查、其他信息调查 6 个方面整合；其次，通过水环境承载力、水资源承载力、经济承载力、产业承载力等指标进行城市水环境状况综合评估。

第三阶段为数据库和管理信息平台构建阶段。主要包括数据库建立、水环境图集的生成、信息系统、完成"以水定城、以水定地、以水定人、以水定产"目标及城市水环境状况排名。

5.3.3　调查方式

1. 城市水环境基础地理信息调查

调查内容：城市水环境基础地理信息调查以国家测绘地理信息局为支撑，全面调查代表地区的河流长度、行政区、断面经纬度信息及其设计流量等。

调查方式：收集和整理环境保护部门、国家测绘地理信息局相关资料。

2. 城市水体水文水动力信息调查

调查内容：城市水体水文水动力信息调查以辖区内环境保护部门水环境监测断面为对象，全面调查地表水环境监测断面状况和水文信息。

调查方式：水文基础数据通用平台、学术文献参考及现场测定。

3. 城市水体水质信息调查

调查内容：城市水体水质信息调查以辖区内环境保护部门水环境监测断面为对象，全面调查地表水环境水质信息。

调查方式：生态环境部数据中心、省生态环境厅或市生态环境局的相关测定数据。

4. 城市社会经济数据调查

调查内容：城市社会经济数据调查以辖区内产业结构、人均 GDP、水排放量等信息为对象。

调查方式：查阅统计年鉴等。

5. 城市生态环境数据调查

调查内容：以卫星遥感技术为基础，调查城市区域各类型土地所占面积（侧重绿化面积、岸带面积、河海面积），为数据考核提供基础。

调查方式：查找当地生态环境相关部门网站、土地规划部门、生态环境部数据中心等的测定数据。

6. 其他

其他信息包括气象、底泥、供排水等信息，其收集来源于气象局、省生态环境厅或市生态环境局，部分需要现场勘测。关于城镇、农村污染负荷可查阅相应市水资源公报、省市环保相关部门网站。

5.4　典型城市的数据获取

按照国务院印发的《关于调整城市规模划分标准的通知》，选取了华东、华南、西南、西北和东北地区典型的大中小型城市：上海、广州、重庆、哈尔滨、兰州、清远及金华，对其数据责任单位、数据来源、数据格式、数据规模和后续数据获取途径等进行了详细的调查，见表5-6～表5-12，各城市水体分布如图5-4～图5-10所示。

表 5-6　上海市数据类别及获取途径

数据类型	数据责任单位	数据来源	数据格式（统计/年鉴/实测/文献/…）	数据规模（年限/范围/…）	后续数据获取途径（统计数据更新/购买/年鉴月报等）
城市水环境基础地理信息数据	国家测绘地理信息局	地理空间数据云 http://www.gscloud.cn/	测绘	2016	—
城市水体水文水动力信息	上海市水文总站、水务局、流域管理委员会	国家地球系统科学数据中心 www.geodata.cn/data 水利部长江水利委员会 http://www.cjw.gov.cn	实测	2005～2015	购买
城市水体水质信息	上海市生态环境局、环境监测中心	上海市生态环境局 https://sthj.sh.gov.cn/	实测	2006，2008，2010，2016	生态环境部公函或便函
城市社会经济数据	上海市统计局	上海市统计局 http://tjj.sh.gov.cn/	年鉴	2005～2015	统计数据更新
城市生态环境数据	上海市住房和城乡建设管理委员会、农业农村委员会、规划和自然资源局	上海市住房和城乡建设管理委员会 https://zjw.sh.gov.cn/ 上海市农业农村委员会 http://nyncw.sh.gov.cn/ 上海市规划和自然资源局 http://ghzyj.sh.gov.cn/	实测	2005～2015	统计数据更新
其他信息	上海市气象局等相关职能部门	上海市气象局 http://sh.cma.gov.cn/	实测、年鉴	2005～2015	统计数据更新

表 5-7　广州市数据类别及获取途径

数据类型	数据责任单位	数据来源（来自何单位/网址/文献/…）	数据格式（统计/年鉴/实测/文献/…）	数据规模（年限/范围/…）	后续数据获取途径（统计数据更新/购买/年鉴月报等）
城市水环境基础地理信息数据	国家测绘地理信息局	地理空间数据云 http://www.gscloud.cn/	测绘	2016	—
城市水体水文水动力信息	广州市水文局、水务局、流域管理委员会	国家地球系统科学数据中心 www.geodata.cn/data 水利部珠江水利委员会 http://www.pearlwater.gov.cn/	实测	2005～2015	购买
城市水体水质信息	广州市生态环境局、环境监测中心站	广州市生态环境局 http://sthjj.gz.gov.cn/	实测	2006，2008，2010，2016	生态环境部公函或便函
城市社会经济数据	广州市统计局	广州市统计局 http://tjj.gz.gov.cn/	年鉴	2005～2015	统计数据更新
城市基础环境数据	广州市住房和城乡建设局、农业农村局、规划和自然资源局	广州市住房和城乡建设局 http://zfcj.gz.gov.cn/ 广州市农业农村局 http://nyncj.gz.gov.cn/ 广州市规划和自然资源局 http://www.gzlpc.gov.cn/	实测、年鉴	2005～2015	统计数据更新
其他信息	广州市气象局等其他职能部门	广州市气象局 http://gd.cma.gov.cn/gzsqxj	实测、年鉴	2005～2015	统计数据更新

表 5-8　重庆市数据类别及获取途径

数据类型	数据责任单位	数据来源（来自何单位/网址/文献/…）	数据格式（统计/年鉴/实测/文献/…）	数据规模（年限/范围/…）	后续数据获取途径（统计数据更新/购买/年鉴月报等）
城市水环境基础地理信息数据	国家测绘地理信息局	地理空间数据云 http://www.gscloud.cn/	测绘	2016	—
城市水体水文水动力信息	重庆市水利局、长江上游水文水资源勘测局、水利部长江水利委员会	重庆市水利局 http://slj.cq.gov.cn/ 长江上游水文水资源勘测局 http://www.sy.cjh.com.cn 国家地球系统科学数据中心 www.geodata.cn/data 水利部长江水利委员会 http://www.cjw.gov.cn/	实测	2005～2015	购买
城市水体水质信息	重庆市生态环境局	重庆市生态环境局 http://sthjj.cq.gov.cn/	实测	2006，2008，2010，2016	生态环境部公函或便函
城市社会经济数据	重庆市统计局	重庆市统计局 http://tjj.cq.gov.cn/	年鉴	2005～2015	统计数据更新

数据类型	数据责任单位	数据来源（来自何单位/网址/文献/…）	数据格式（统计/年鉴/实测/文献/…）	数据规模（年限/范围/…）	后续数据获取途径（统计数据更新/购买/年鉴月报等）
城市基础环境数据	重庆市住房和城乡建设委员会、农业农村委员会、规划和自然资源局	重庆市住房和城乡建设委员会 http://zfcxjw.cq.gov.cn/ 重庆市农业农村委员会 http://nyncw.cq.gov.cn/ 重庆市规划和自然资源局 http://ghzrzyj.cq.gov.cn	实测	2005～2015	统计数据更新
其他信息	重庆市气象局等相关职能部门	重庆市气象局 http://cq.cma.gov.cn/	实测、年鉴	2005～2015	统计数据更新

表 5-9 哈尔滨市数据类别及获取途径

数据类型	数据责任单位	数据来源（来自何单位/网址/文献/…）	数据格式（统计/年鉴/实测/文献/…）	数据规模（年限/范围/…）	后续数据获取途径（统计数据更新/购买/年鉴月报等）
城市水环境基础地理信息数据	国家测绘地理信息局	地理空间数据云 http://www.gscloud.cn/	测绘	2016	—
城市水体水文水动力信息	哈尔滨市水文局、水利局、流域管理委员会	国家地球系统科学数据中心 www.geodata.cn/data	实测	2005～2015	购买
城市水体水质信息	哈尔滨市生态环境局	哈尔滨市生态环境局 http://xxgk.harbin.gov.cn/col/col11588/index.html	实测	2006，2008，2010，2016	生态环境部公函或便函
城市社会经济数据	哈尔滨市统计局		年鉴	2005～2015	统计数据更新
城市基础环境数据	哈尔滨住房和城乡建设局、农业农村局、国土资源局	哈尔滨市人民政府 http://www.harbin.gov.cn	实测	2005～2015	统计数据更新
其他信息	哈尔滨市气象局等相关职能部门	黑龙江省气象局 http://hl.cma.gov.cn/ 哈尔滨市气象局 http://hl.cma.gov.cn/dsdt/heb/	实测、年鉴	2005～2015	统计数据更新

表 5-10 兰州市数据类别及获取途径

数据类型	数据责任单位	数据来源（来自何单位/网址/文献/…）	数据格式（统计/年鉴/实测/文献/…）	数据规模（年限/范围/…）	后续数据获取途径（统计数据更新/购买/年鉴月报等）
城市水环境基础地理信息数据	国家测绘地理信息局	地理空间数据云 http://www.gscloud.cn/	测绘	2016	—

续表

数据类型	数据责任单位	数据来源（来自何单位/网址/文献/…）	数据格式（统计/年鉴/实测/文献/…）	数据规模（年限/范围/…）	后续数据获取途径（统计数据更新/购买/年鉴月报等）
城市水体水文水动力信息	兰州市水文局、水利局、流域管理委员会、水利部黄河水利委员会	黄土高原科学数据中心国家地球系统科学数据中心www.geodata.cn/data水利部黄河水利委员会http://www.yrcc.gov.cn/	实测	2005～2015	购买
城市水体水质信息	兰州市生态环境局	兰州市生态环境局http://sthjj.lanzhou.gov.cn/	实测	2006，2008，2010，2016	公函
城市社会经济数据	兰州市统计局	兰州市统计局http://tjj.lanzhou.gov.cn/	年鉴	2005～2015	统计数据更新
城市基础环境数据	兰州市住房和城乡建设局、农业农村局、自然资源局	兰州市住房和城乡建设局http://zjj.lanzhou.gov.cn/兰州市农业农村局http://nync.lanzhou.gov.cn/兰州市自然资源局http://zrzyj.lanzhou.gov.cn/	实测	2005～2015	统计数据更新
其他信息	兰州市气象局等相关职能部门	兰州市气象局http://qxj.lanzhou.gov.cn/	实测、年鉴	2005～2015	统计数据更新

表 5-11　清远市数据类别及获取途径

数据类型	数据责任单位	数据来源（来自何单位/网址/文献/…）	数据格式（统计/年鉴/实测/文献/…）	数据规模（年限/范围/…）	后续数据获取途径（统计数据更新/购买/年鉴月报等）
城市水环境基础地理信息数据	国家测绘地理信息局	地理空间数据云http://www.gscloud.cn/	测绘	2016	—
城市水体水文水动力信息	清远市水文局、水利局、流域管理委员会	国家地球系统科学数据中心www.geodata.cn/data水利部珠江水利委员会http://www.pearlwater.gov.cn/	实测	2005～2015	购买
城市水体水质信息	清远市生态环境局	清远市生态环境局http://www.gdqy.gov.cn/channel/qyssthjj/	实测	2006，2008，2010，2016	生态环境部公函或便函
城市社会经济数据	清远市统计局	清远市统计局http://www.gdqy.gov.cn/channel/qystjj/	年鉴	2005～2015	统计数据更新
城市基础环境数据	清远市住房和城乡建设局、农业农村局、自然资源局	清远市住房和城乡建设局http://www.gdqy.gov.cn/channel/qyszjj/清远市农业农村局http://www.gdqy.gov.cn/channel/snyncj/清远市自然资源局http://www.gdqy.gov.cn/channel/qyszrzyj/	实测	2005～2015	统计数据更新
其他信息	清远市气象局等相关职能部门	清远市气象局http://gd.cma.gov.cn/qysqxj	实测、年鉴	2005～2015	统计数据更新

表 5-12　金华市数据类别及获取途径

数据类型	数据责任单位	数据来源（来自何单位/网址/文献/…）	数据格式（统计/年鉴/实测/文献/…）	数据规模（年限/范围/…）	后续数据获取途径（统计数据更新/购买/年鉴月报等）
城市水环境基础地理信息数据	国家测绘地理信息局	地理空间数据云 http://www.gscloud.cn/	测绘	2016	—
城市水体水文水动力信息	金华市水利局	国家地球系统科学数据中心 www.geodata.cn/data 金华市水利局 http://slj.jinhua.gov.cn/	实测	2005~2015	购买
城市水体水质信息	金华市生态环境局	金华市生态环境局 http://sthjj.jinhua.gov.cn/	实测	2006，2008，2010，2016	生态环境部公函或便函
城市社会经济数据	金华市统计局	金华市统计局 http://tjj.jinhua.gov.cn/	年鉴	2005~2015	统计数据更新
城市基础环境数据	金华市住房和城乡建设局、农业农村局、自然资源和规划局	金华市住房和城乡建设局 http://jsj.jinhua.gov.cn/ 金华市农业农村局 http://nyncj.jinhua.gov.cn/ 金华市自然资源和规划局 http://zrzyj.jinhua.gov.cn/	实测	2005~2015	统计数据更新
其他信息	金华市气象局等相关职能部门	金华气象 http://zj.cma.gov.cn/dsqx/jhsqxj/	实测、年鉴	2005~2015	统计数据更新

图 5-4　上海市水体信息

图 5-5　广州市水体信息

图 5-6　重庆市水体信息

图 5-7　哈尔滨市水体信息

图 5-8　兰州市水体信息

图 5-9　清远市水体信息

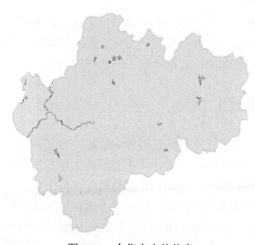

图 5-10　金华市水体信息

5.5　关键问题与技术需求

5.5.1　元数据建设与知识工程

随着物联网、云计算、移动互联网等新一代信息技术的发展，城市水环境管理对信息化建设的要求越来越高。当前，城市水环境管理涉及的数据众多，具有多类型、多尺度、多源、海量等特点，即使从不同政府部门整理出的同一数据也有较大差异，各部门间数据无法共享，信息无法达到互联互通，在技术层面上阻碍了数据的共享，且对外公布的数据往往会受到不同程度的质疑，亟需采用统一的数据管理标准管理分散的数据资源。

在大数据时代的背景下，数据即资产，需要利用元数据的标准化来统一管理分散的数据资源。元数据（metadata）是指描述其他数据的数据（data about other data），或者说是用于提供某种资源的有关信息的结构数据（structured data）。元数据可以用于识别、评价、追踪资源在使用过程中的变化，实现简单高效地管理大量网络化数据，实现信息资源的有效发现、查找、一体化组织和对资源的有效管理，实现信息的描述和分类的格式化，为机器处理创造可能，帮助政府企业更好地对数据资产进行管理，理清数据之间的关系。元数据管理是政府和企业提升数据质量的基础，也是数据治理中的关键环节。

可参照行业标准《环境信息元数据规范》（HJ 720—2017）、国家标准《地理信息 元数据》（GB/T 19710—2005）、美国联邦地理数据委员会《Content Standard for Digital Geospatial Metadata V2.0》（即《数字地理空间元数据内容标准 ver.2.0》）（FGDC-STD-001-1998）、《水利信息核心元数据》（SL 473—2010）等进行城市水环境信息元数据整理，包括而不限于元数据内容的表现形式、元数据层次结构、元数据性质和内容框架、元数据模式、元数据的数据字典、元数据扩展、元数据专用标准、抽象测试套件和元数据标准实现示例等内容。

5.5.2　城市水环境数据挖掘

随着移动互联网技术的发展，数据自动收集、存储的速度在加快，全世界的数据量在不断膨胀，数据的存储和计算超出了单个计算机的能力，数据量大、结构复杂、数据更新速度很快。在此大数据背景下，基于数据库理论、机器学习、人工智能、现代统计学等统计手段，挖掘城市水环境的水质状况同社会经济子系统之间、同气候因子之间、同土地利用变化之间的关系，有效开展城市水环境管理具有重要意义。

数据挖掘过程通常可分为三个步骤：数据准备、数据挖掘及结果解释与评估。数据准备包括数据抽取、数据预处理和数据变换；数据挖掘包括数据总结、分类、聚类、关联规则发现或序列模式发现等；结果解释与评估是对可能存在冗余或无关的数据进行重新选取，采用新的数据变换方法，设定新的数据挖掘参数值等。常用的方法包括抽样技术、多元统计分析、统计预测、决策树、粗糙集方法、神经网络法、遗传算法、关联规则挖掘算法及贝叶斯网络等。

5.5.3　数据清洗技术

城市水环境信息数据调查收集过程中，不可避免地会产生数据缺失、重复、错误、不可用等情况，这些数据被称为"脏数据"。在进行统计分析、数据挖掘，并科学规范城市水环境状况监管评估前，需要对脏数据进行清洗处理。这些数据按照数据缺失类型，可归纳为随机缺失和结构性缺失，如图 5-11 所示。

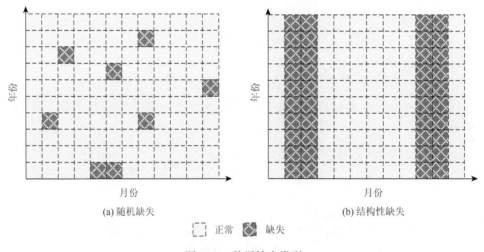

(a) 随机缺失　　　　　　　　　　　　(b) 结构性缺失

正常　　缺失

图 5-11　数据缺失类型

图 5-11（a）为随机缺失，缺失的原因大多数是一些偶然随机的事件，例如，自动在线监测站点的设备出现故障，或人工定期采样时由于气候、水文、交通等客观或其他人为主观因素造成的缺失。图 5-11（b）为结构性缺失，大多是在固定时间段内由于恶劣的天气、水文等因素导致环境监测无法采样或交通设施无法通行等造成的缺失。

对缺失数据进行插补，主要有均值插补、同类均值插补、极大似然估计、多重插补等处理方法。通过支持向量机等技术对异常数据流进行检测，利用基于人工神经网络模型（bootstrap WBF-ANN，BWNN）的数据预测插补方法，将小波基函数代替传统神经网络隐含层中的激活函数，利用小波基函数的平移和尺度伸缩能力进行非线性变换。在初始化其尺度因子、平移因子和各个连接层的权重后，计算式见式（5-1）。

$$y_n = \sum_{j=1}^{n} w_{jk} \psi \left(\frac{\sum_{i=1}^{n} w_{ij} x_i - b_j}{a_j} \right) \tag{5-1}$$

式中，x_i 是指样本输入；

y_n 是指对应第 n 个样本输入的模型预测输出；

a_j 是指隐含层第 j 个小波神经元的伸缩系数；

b_j 是指隐含层第 j 个小波神经元的平移系数；

w_{ij} 是指输入层第 i 个变量和隐含层第 j 个小波神经元的权重系数；

w_{jk} 是指隐含层第 j 个小波神经元和输出层第 k 个变量的权重系数；

ψ 是指小波基函数，Morlet 小波。

训练过程中需率定的参数主要有 a_j、b_j、w_{ij} 和 w_{jk}，每次迭代的参数改变梯度 ΔPS 由式（5-2）计算，训练误差由式（5-3）计算。其中，PS 包括 a_j、b_j、w_{ij} 和 w_{jk} 四个主要参数。相应地，BWNN 以单一的 WBF-ANN 为基础，利用 bootstrap 技术进行集合预测，最后以时间序列预测领域中经典的差分自回归移动平均（autoregressive integrated moving average，ARIMA）模型和上述神经网络模型进行标记对比研究。

$$\Delta PS(r+1) = \alpha \Delta PS(r) - \eta \frac{\partial E}{\partial PS(r)} \tag{5-2}$$

$$E = \frac{1}{2} \sum_{n=1}^{N} (y_n - t_n)^2 \tag{5-3}$$

式中，PS 是指 ANN 模型的主要参数，包括 a_j、b_j、w_{ij} 和 w_{jk} 等；

y_n 是指对应第 n 个样本输入的模型预测输出；

t_n 是指对应第 n 个样本的训练目标；

N 是训练样本数目；

r 是训练迭代次数；

α 是梯度动量项；

η 是学习速率。

5.5.4　城市水环境监测断面优化

"十二五"时期，我国地表水体国控断面达到近 1000 个，但对于完成"以水定城、以水定地、以水定人、以水定产"的目标，开展城市水环境的考核评估而言，这些断面监测点位仍远未达到需要，亟需在城市尺度下优化布设水环境监测断面、建立动态采样方案等面临的诸多基本科学问题。在此思想指导下，为了更好地掌握评估方法，合理评价城市水环境质量状况及变化趋势，使断面的布设更具代表性、针对性和连续性，城市水环境管理平台设计团队开展了基于信息熵的城市水环境监测断面优化研究（图 5-12），为环境管理提供支撑服务。

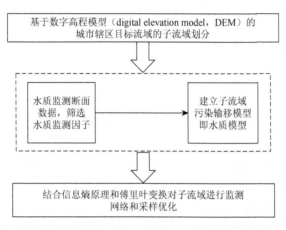

图 5-12　基于信息熵的城市水环境监测断面优化

首先基于数字高程图，并结合遥感、GIS 等图像解译技术，对整个流域的水流方向、流量、河流连接性等内容进行分析分类，提取河网数据及流域信息，并划分为不同的子流域。其次，收集现有的水文、水环境监测数据，对各子流域的污染物迁移过程进行模拟，得出潜在水质监测断面的污染物浓度变化信息。最后，利用边际信息熵对监测站点进行定量的优化分析研究，得到最优的监测断面优化方案。

5.6　初步调查结果

5.6.1　全国水资源水环境现状

2014 年，全国地表水资源量为 26263.9 亿 m³。从水资源分区看，北方六区地表水资源量为 3810.8 亿 m³，南方四区为 22453.1 亿 m³[36]。我国水资源的空间分布极不均匀，总体上由东南沿海向西北内陆逐渐减少，北方地区水资源贫乏，南方地区水资源相对丰富。

近年来，我国城市化进程发展迅速，随着人口的大量迁移和集中，局部地区高强度需水与水资源天然分布不相适应的矛盾日益加剧，极大地制约了经济建设和可持续发展。同时，随着经济的发展、人口的增加，用水量增大，废污水排放量急剧上升，特别是未经过处理的废污水大量排放致使水污染加剧。中国的水资源紧张问题变得日益严重，水资源利用水平低下、各地区水资源开发利用程度差异大、地下水开采过量、用水浪费严重、水资源利用效率较低等矛盾日渐凸显。通过对全国 21.6 万 km 的河流水质状况进行评价，发现全年 I 类河长占评价河长的 5.9%，II 类河长占评价河长的 43.5%，III 类河长占评价河长的 23.4%，IV 类河长占评价河长的 10.8%，V 类河长占评价河长的 4.7%，劣 V 类河长占评价河长的 11.7%，总体水质状况为中等。从水资源分区来看，西南诸河区、西北诸河区水质为优，珠江区、长江区、东南诸河区水质为良，松花江区、黄河区、辽河区、淮河区水质为中，海河区水质为劣。

此外，河流出现功能退化、部分干枯、水土流失面广量大，后果堪忧。由于排入湖库的氮、磷等营养物质不断增加，湖泊、水库富营养化问题突出，水体富营养化程度加快。我国 131 个主要湖泊中，已达富营养程度的湖泊有 67 个，占总数的 51.1%[37]。

地下水是北方地区最重要的供水水源。在一些集中用水区，地下水开采量超过补给量，致使地下水位持续下降。地下水污染问题日益突出，地下水环境每况愈下，在全国 118 个城市中，64%的城市地下水受到严重污染，33%的城市地下水受轻度污染[38]。从地区分布来看，北方地区比南方更为严重，沿海地区海水入侵严重。

5.6.2 上海水环境现状

上海位于北纬 31°14'、东经 121°29'，地处太平洋西岸、亚洲大陆东沿、长江三角洲前缘；东濒东海，南临杭州湾，西接江苏、浙江两省，北接长江入海口，长江与东海在此连接。上海位于中国南北弧形海岸线中部，交通便利、腹地广阔，是良好的江海港口。全市现有河道 33127 条，长 24915km，湖泊 26 个，面积 73.1km²。河道（湖泊）总面积 642.7km²[39]。

改革开放以来，上海市对水资源的需求迅速增加，与此同时，水污染现象也日趋恶化，造成需水与供水的极大矛盾，对上海生态系统的平衡也造成很大的冲击。与水资源总量不足的国家或地区不同，水资源总量较为丰足的国家或地区也可能由于水污染产生水短缺问题。例如，一些工业化进程很快的发展中国家的水短缺问题往往主要是由污染排放造成的。换言之，污染造成水质变差而不是水总量不足，已使得部分工业快速发展的国家进入水短缺时期。上海有着鲜明的特点：快速的经济发展、大规模的人口迁入给城市基础设施带来了巨大压力，并使得水环境质量恶化到不安全的程度。由于市内黄浦江水质差，缺少可利用的清洁水已成为制约上海进一步发展的关键性瓶颈，并迫使政府采取相应的政策力求开发新的取水源。目前，上海水资源的供需矛盾已经日渐凸显。水需求增长与人均供水量下降造成清洁用水供不应求，水资源实现可持续利用也开始受到现实的严峻挑战。水需求的增长、水污染的状况、人口增长都威胁到水资源的可持续利用，并威胁到上海社会经济的全面可持续发展。

1. 水资源状况

上海市内水资源流量主要由黄浦江及其他市内河道流量构成。黄浦江年均径流量为 300 多亿 m^3/s，年均流量 100 亿 m^3/s，加上其他市内河道流量，上海市内水资源年均流量合计为 145 亿 m^3/s。由于一些因素的影响，每年水量变化较大，一般在 50 亿～230 亿 m^3/s 的区间内波动。长江入海口（大通站）年均流量为 9000 亿 m^3/s，但水中氯化物的逐年增加，造成水质下降并使长江入海口的水难以作为可用清洁水资源，成为长江水资源利用的最大障碍。而且，长江入海口基本处于上海市的外围，因此，将长江水资源取水作为上海的补充水资源。

2. 水质状况

影响水资源质量的因素有很多，如水资源空间分布的不平衡性、经济快速发展带来的人口增长和城市建设、水资源管理能力水平、污染排放量、水处理技术等因素。水环境污染问题十分复杂，世界银行报告计算出上海水污染带来的年均成本为 78.5 亿元，并建议在发展经济的同时，应考虑经济发展与环境保护之间的均衡。上海在经济迅速发展的过程中，曾出现过部分制造业排出的污染物没有经过处理就直接排放到市内河道的情况，严重污染该区域水质，破坏了该区域水系统的健康循环。一些分析研究表明：上海市区黄浦江内的污染物，如 BOD_5、COD、TN、油、酚类及细菌等的含量都非常高，从而使得黄浦江水质未能达到国家 V 类水质量标准。2014 年，全市主要骨干河道，其中水质优于 III 类（含 III 类）水河长占 42.2%、IV 类水河长占 15.3%、V 类水河长占 9.8%、劣 V 类水河长占 32.7%。淀山湖（上海市部分）湖区水质属轻度富营养化。本市省界的 19 条（个）主要来水河湖中，3 条河流来水水质属 III 类，3 条河流来水水质属 IV 类，1 条河流来水水质属 V 类，其余省界河湖来水水质均属劣 V 类，水质情况不容乐观。

3. 用水状况

2014 年，上海市取（用）水总量为 78.77 亿 m^3，比 2013 年下降 11.5%。按取水水源分，地表水取水量 78.71 亿 m^3，地下水取水量 0.06 亿 m^3。按用水性质分，农业用水 14.57 亿 m^3，火电工业用水 28.11 亿 m^3，一般工业用水 10.94 亿 m^3，城镇公共用水 11.61 亿 m^3，居民生活用水 12.75 亿 m^3，生态环境用水 0.79 亿 $m^{3[40]}$。

2014 年上海市自来水售水总量 24.82 亿 m^3。其中，工业用水 5.16 亿 m^3，城镇公共用水 9.04 亿 m^3，居民生活用水 10.02 亿 m^3，生态环境用水 0.60 亿 m^3。

2014 年末，全市常住人口 2425.68 万人，户籍人口 1438.69 万人。上海人口总量增长的主要原因是大量外来人口的迁入[41]。

万元 GDP 用水量反映城市水资源的利用效率，用城市总用水量与 GDP 的比值来表示。2014 年上海市万元 GDP 用水量为 33m^3，万元工业增加值用水量 53m^3，主要通过对水资源利用技术的改进，提高了水资源的利用效率。

5.6.3 广州水环境现状

广州市地处中国大陆南方，广东省的中南部，珠江三角洲的北缘，接近珠江流域下游入海口。东连惠州市博罗、龙门两县，西邻佛山市的三水区、南海区和顺德区，北靠清远市的市区和佛冈县及韶关市的新丰县，南接东莞市和中山市，隔海与香港、澳门特别行政区相望。由于珠江口岛屿众多，水道密布，有虎门、蕉门、洪奇门等水道出海，使广州成为中国远洋航运的优良海港和珠江流域的进出口岸。广州市流域面积在 100km^2 以上的河流共有 22 条，老八区主要河涌有 231 条、总长 913km。

1. 水资源状况

广州市水资源的主要特点是本地水资源较少，过境水资源相对丰富。全市水域面积 7.44 万 hm^2，占全市土地面积的 10%，主要河流有北江、东江北干流及增江、流溪河、白坭河、珠江广州河段、市桥水道、沙湾水道等，北江、东江流经广州市汇合珠江入海。本地平均水资源总量 79.79 亿 m^3。以本地水资源量计，每平方千米有 106.01 万 m^3，人均 1139m^3。过境水资源量 1860.24 亿 m^3，是本地水资源总量的 23 倍。客水资源主要集中在南部河网区和增城区，其中由西江、北江分流进入广州市区的客水资源量达 1591.5 亿 m^3，由东江分流进入东江北干流的客水资源量为 142.03 亿 m^3，增江上游来水量 28.28 亿 m^3。南部河网区处于潮汐影响区域，径流量大，潮流作用也很强。珠江的虎门、蕉门、洪奇门三大口门在广州市南部入伶仃洋出南海，年涨潮量 2710 亿 m^3，年落潮量 4088 亿 m^3，与三大口门的年径流量 1377 亿 m^3 比较，每年潮流可带来大量的水量，部分是可以被利用的淡水资源。

2. 水质状况

全市省控江河断面中，Ⅱ类水质的断面比例为 42.86%，Ⅲ类水质的断面比例为 14.29%，Ⅳ类水质的断面比例为 21.43%，Ⅴ类水质的断面比例为 14.29%。按国家水功能区限制纳污红线主要控制标准（高锰酸盐和氨氮）达标率为 67.1%。

3. 用水状况

2015 年广州市用水总量为 66.14 亿 m³，工业用水量所占比例最大，为 38.39 亿 m³，其中直流式火（核）电为 22.69 亿 m³；其后依次为农业用水、居民生活用水和城市公共用水，生态环境用水最少，为 0.88 亿 m³[42]。

广州属于超大城市。2014 年末，户籍人口已增至 842.42 万人。

2015 年，广州市实现 GDP 18100.41 亿元，按可比价格计算，比上年（下同）增长 8.4%。广州市万元 GDP 用水量为 61m³。

从产业结构看，第一产业增加值为 228.09 亿元，增长 2.5%；第二产业增加值为 5786.21 亿元，增长 6.8%；第三产业增加值为 12086.11 亿元，增长 9.5%。第一、二、三次产业增加值的比例为 1.26∶31.97∶66.77。三次产业对经济增长的贡献率分别为 0.4%、29.0%和 70.6%[43]。

5.6.4 重庆水环境现状

重庆位于东经 105°11′～110°11′、北纬 28°10′～32°13′之间的青藏高原与长江中下游平原的过渡地带，地处中国内陆西南部，地界东临湖北、湖南，南接贵州，西靠四川，北连陕西。其域内水系丰富，长江干流自西向东横贯全市，嘉陵江和乌江两大支流在区内汇入，另外还有綦江、木洞河、龙河、磨刀溪、大洪河、龙溪河、渠溪河、小江、汤溪河、梅溪河、大宁河等数十条小支流汇入长江，形成向心的不对称的网状水系。境内流域面积大于 100km² 的河流有 274 条，其中流域面积大于 1000km² 的有 42 条。重庆市区域面积为 8.24 万 km²，东西长 470km，南北宽 450km，最高海拔为 2796.8m，最低海拔为 73.1m，相对高差为 2723.7m。重庆市地域内高山、丘陵、平坝交错，地形地貌复杂，气候条件差异很大，高山地区降雨丰富，丘陵地区相对较少，水资源分布极不均衡。当地水资源开发利用率低，全市多年平均水资源量为 567.67 亿 m³，不足全世界人均的 1/6。空间分布呈东南多、西北少，供水设施与城市发展不同步，水环境恶化，污染治理难度大，有限水资源浪费严重。

对重庆 23 条一级支流回水区上游水体富营养状态评价表明，呈富营养状态的断面占 13.6%，其中，轻度富营养和中度富营养的断面比例分别为 9.1%和 4.5%。回水区中段水体呈富营养的断面占 54.2%，其中，轻度富营养、中度富营养和重度富营养断面的比例分别为 37.5%、12.5%和 4.2%。长江水质略有好转，Ⅲ类水质河段由 2002 年的 60.2%变为 64.9%，Ⅳ类水质由 39.8%变为 35.1%；嘉陵江水质也略有好转，II类水质上升至评价河段的28.8%，III类水质河段由85.4%变为60.4%，IV水质由14.6%变为10.9%；乌江评价河段仍然都是III类水质。虽然水质稍有好转，但水污染依然严重，水体富营养程度高，水环境问题突出，水污染防治、水域保护是今后水资源保护工作的重心。2014年，长江、嘉陵江、乌江、清江和渠江（以下简称"五江"）重庆境内评价河段共长1227km。水质评价结果表明"五江"中长江评价河段全年期水质以III类为主，嘉陵江评价河段全年期水质为II类，清江评价河段全年期水质为III类，渠江评价河段全年期水质为III类，乌江评价河段全年期水质为III类。2014年，重庆市监测的重要水功能区为100个，河长为2697.95km。采用水功能区限制纳污红线主要控制标准评价，达标水功能区96个，占重要水功能区点数的96%，达标河长为2447.35km，占重要水功能区河长的90.71%[44]。

5.6.5　哈尔滨水环境现状

哈尔滨位于东经125°42′～130°10′、北纬44°04′～46°40′，地处东北平原东北部地区、黑龙江省南部。哈尔滨市境内的大小河流均属于松花江水系和牡丹江水系，主要有松花江、呼兰河、阿什河、拉林河、牤牛河、蚂蜒河、东亮珠河、泥河、漂河、蜚克图河、少陵河、五岳河、倭肯河等。松花江发源于吉林省长白山天池，其干流由西向东贯穿哈尔滨市地区中部，是全市灌溉量最大的河道。

1. 水资源状况

哈尔滨水资源特点是自产水偏少、过境水较丰、时空分布不均，表征为东富西贫。全市水资源人均占有量为1630m³[45]。

2. 水质状况

2015年，松花江干流水质好转，III类水质断面比例为100%。松花江流域I～III类水质比例为64.1%，较2014年提高6.2%。

3. 用水状况

2013年全市废水排放总量为38129.6万t，全市化学需氧量排放量为299376.2t，全市氨氮排放量为21207.5t。市区化学需氧量排放量为45632.6t，氨氮排放量为7477.2t[46]。

5.6.6　兰州水环境现状

兰州市位于北纬36°03′、东经103°40′，依黄河而建，黄河自西向东穿城而过，是唯一一个黄河穿越市区的省会。年平均降水量为 327mm，主要集中在 6～9 月。兰州市域内水资源低于我国平均水平，但入境水资源丰富，贯穿市域的黄河及其支流湟水、大通河的入流量达 337 亿 m³，且水量稳定，冬季不封冻、含沙量也较小，可满足城市工农业用水和生活用水。兰州市年均地下水量为 9.6 亿 m³。河川径流地表水资源总量为 384 亿 m³。

黄河兰州段上游主要支流有大夏河、洮河、大通河、庄浪河等，为开发利用黄河水资源，其上游先后建成了龙羊峡水库和刘家峡、盐锅峡、八盘峡水电站。由于黄河兰州段径流量受上游水库调节作用，黄河干流兰州段属于水利工程控制的河段。黄河干流自西固区岔路村入境，自西流向东北，至榆中县青城大叹沟出境，兰州段流程为 152km。由于上游水库电站的调蓄作用，地表水流速缓慢，冲刷能力减弱，河床底部淤塞，黄河水下渗量减小，地下水水位下降和开采区降落漏斗进一步扩大，水质污染问题也日益严重。

1. 水资源状况

兰州市境内多年自产平均水资源量为 23900 万 m³，可用水资源主要依靠黄河地表水，但受限于分配给甘肃黄河流域水资源总量，兰州市可利用水资源十分有限，人均每年仅为 742m³，远远低于国际缺水警戒线 1700m³，是严重缺水城市之一。

兰州市目前已经具有日供水 118 万 t 和日处理城市污水 35.09 万 t 的能力。黄河兰州段全长 152km，其中，流经市区的河长为 45km，为兰州提供了主要的生产、生活用水。目前，兰州市城区日供水能力为 166 万 m³，实际日供水为 75 万 m³，其中，地表水源占 90%，地下水占 10%。黄河兰州段沿岸工业集中、人口稠密，尽管水质尚好，但工业废水及生活污染叠加，排放的问题没有从根本上遏制。

2. 水质状况

2015 年，15 条河流 25 个河段的 49 个河流断面中，水质为优的有 24 个；水质为良好的有 17 个；水质为轻度污染的有 5 个；水质为中度污染的有 1 个；水质为重度污染的有 2 个。按功能类别达标断面 43 个，较 2014 年增加 1 个。黄河、大夏河、洮河、蒲河、金川河、黑河、北大河和白龙江水质为优；泾河、石羊河水质为良好；湟水河、渭河和石油河水质为轻度污染；马莲河水质为中度污染；山丹河水质为重度污染。

针对兰州市水资源开发利用中存在干旱缺水口趋严重、水利建设投入不足、设施薄弱、水资源开发利用程度极不均衡、管理粗放、用水浪费严重等生态环境问题，兰州市提出了全面推行节水措施、搞好生态环境建设、认真搞好水利扶贫、合理开发和保护水资源、大力开发西部水电、加快南水北调的方针。农田灌溉定额的地区差异较大，城市扩张挤占生态环境和农业用水；兰州主要经济区资源型缺水加剧，水生态环境恶化；水资源管理基础薄弱、利用效率低，开发难度逐渐加大。

近年来，随着黄河上游工、农业生产的发展和人口的增多，黄河兰州段接纳上游的污水显著增多，而且大量未经处理的工业废水、生活污水直接排入黄河，造成其水质逐年恶化，严重威胁兰州河段内城市的供水水质安全，直接影响沿河两岸人民的身体健康和工农业生产。

评价标准执行《地表水环境质量标准》（GB 3838—2002），其中，硫化物、苯胺评价标准执行《污水综合排放标准》（GB 8978—1996）。评价结果表明，新城桥至中山桥河段主要为Ⅲ类水质。污染物是总磷、氨氮、石油类；包兰桥河段为Ⅳ类水质，主要污染物是挥发酚、氨氮、石油类、化学需氧量；包兰桥为主要污染断面。黄河兰州段水体污染呈现以生物、有机类污染为主，无机类次之，重金属较轻的特征。影响黄河兰州段水质的主要污染物是挥发酚、石油类、化学需氧量、氨氮、高锰酸盐[47]。

5.6.7　清远水环境现状

清远市位于广东省的中北部、北江中游、南岭山脉南侧与珠江三角洲的结合带上。全境位于北纬 23°26′56″～25°11′40″、东经 111°55′17″～113°55′34″，清远市土地总面积 1.9 万 km²，约占全省陆地总面积的 10.6%，是广东省陆地面积最大的地级市。

清远市河流众多，分属长江水系的洞庭湖区和珠江水系的桂贺江区、珠江三角洲区及北江区。其中，北江区的汇水面积最大，占全市的 94.7%，洞庭湖区的汇水面积最小，仅占 0.5% 左右，其余 0.65% 属珠江三角洲区，4.12% 属桂贺江区。全市集雨面积 100km² 以上的河流共有 74 条，其中，汇水面积 1000km² 以上的河流有北江、连江、滃江、滨江、潖江、烟岭河和青莲水等。

1. 水资源状况

全市多年平均水资源总量为 237 亿 m³，平均每平方千米年产水量为 123.70 万 m³。年均降水量为 1908mm，折合年降水总量为 362.66 亿 m³，当地年均总水资源量达 230 亿 m³，人年均占有当地水资源量达 16391m³。各河流水质较为良好，大部分属Ⅱ、Ⅲ级水。加上清远市还有年均多达 180 亿 m³ 的过境水流量可以开发利用，丰富的水资源为清远市经济的可持续发展提供了保证。

在各水资源分区中，平均年径流深最大的为绥江区 1551mm，其次为北江中下游区 1357mm，最小的是禾洞水区 910mm。年径流变差系数最大的为桂贺江区 0.39，最小的为北江中下游区 0.24。在市属各县级行政区中，平均年径流深最大的是清新区，为 1536mm；其次是佛冈县，为 1392mm；最小是连州市，为 968mm。

全市地下水资源评价计算面积共 19136km^2，分为山丘区和平原区两部分。其中，山丘区地下水资源评价面积为 19117km^2，占全市的 99.9%；平原区地下水资源评价面积为 19km^2，主要分布在市区。全市浅层地下水资源量为 54.86 亿 m^3，其中，山丘区多年平均浅层地下水资源量为 54.80 亿 m^3，占 99.9%；平原区多年平均浅层地下水资源量为 0.06 亿 m^3，占 0.1%。

2. 水质状况

清远市环境监测站常规监测结果显示，目前北江干流水质基本达到 II 类水标准，水质为优，但北江部分支流水质却不容乐观。其中，大燕河、滃江、龙塘河、乐排河等支流水质超出 III 类水要求，市建成区范围内仍存在澜水河、黄坑河、龙沥大排坑、海仔大排坑 4 条黑臭水体[48]。

3. 用水状况

清远万元 GDP 用水量达到 140m^3。

5.6.8　金华水环境现状

金华市位于浙江省中部，东经 119°14′～120°46′30″、北纬 28°32′～29°41′。南北跨度为 129km，东西跨度为 151km，土地面积为 10942km^2。东邻台州，南毗丽水，西连衢州，北接绍兴、杭州。市域内江河分属钱塘江、瓯江、曹娥江、灵江 4 大水系，流域面积分别为 9332.73km^2、949.71km^2、341.6km^2 和 293.96km^2，分别占全市江河总面积的 85.49%、8.69%、3.13% 和 2.69%。汇水面积在 100km^2 以上的江溪有 40 多条。

1. 水资源状况

按全年平均值统计，2006 年没有符合 I 类水质标准的监测断面；符合 II 类水质标准的有 6 个，占 13.0%；符合 III 类水质标准的有 10 个，占 21.8%；符合 IV 类水质标准的有 3 个，占 6.5%；符合 V 类水质标准的有 1 个，占 2.2%；水资源已成为制约经济发展的瓶颈。金华市水资源总量为 86.03×10^{8}m^3，其中地下水资源量为 20.24×10^{8}m^3。

目前，金华市的水荒不是水源型缺水，而是水质型缺水和工程型缺水，需要逐年加大环保投资力度，建设一批蓄引提工程，同时通过调整产业结构和建立节水型社会，能提高金华市的水资源承载力。全市总供水量为 18.8708 亿 m³，其中地表水供水量为 16.9121 亿 m³，占供水的 89.6%，全市总用水量为 18.8708 亿 m³。

2. 水质状况

金华市年平均降水量为 1503mm，根据国家环境保护总局颁布的《地表水环境质量标准》（GB 3838—2002），将地面水分为 5 类，其中 I～III 类水适用于饮用水源，IV 类和 V 类水主要适用于工业和农业用水，劣 V 类水则丧失使用功能。20 世纪 80 年代初金华市的水环境质量较好，I 类和 II 类水占了 78.3%，未出现 V 类和劣 V 类水。其后水质不断恶化，优质清洁水逐年减少，虽然 2001 年和 2002 年出现了少量的 I 类水（6.8%），但 2002 年和 2003 年劣 V 类水则分别高达 40.4% 和 33.6%。

3. 用水状况

2014 年全市人均用水量为 269m³，按当年价格计算，万元 GDP 用水量为 56m³。

5.7　平台数据库设计与构建

5.7.1　流程设计

数据库是按一定结构组织在一起的相关共享数据的集合，是决策支持系统的一个最基本的部件。一般情况下，任何一个决策支持系统都不能缺少数据库及其管理系统。通常数据库的容量很大，数据按一定的组织结构存放，以便查询利用，数据库中数据的存储方式和位置相对独立于使用它们的程序。数据库除具有大容量、独立性之外，还具有最小冗余度、统一的数据管理、完善的数据控制功能等特点。数据库的设计一般包括系统需求分析、概念结构设计、逻辑结构设计和物理结构设计、数据字典等部分。

1. 系统需求分析

系统需求分析是数据库应用系统设计过程中的第一步，其目标是通过对用户的信息需求和处理需求的调查分析，得到系统所必需的需求信息，是后续设计阶段的基础。需求分析阶段的任务是确定设计范围、数据收集和分析、写出需求说明书。

2. 概念结构设计

概念结构设计的目标是产生一个用户易于理解的、反映系统信息需求的整体数据库概念模型。概念模型是系统中各用户共同关心的信息结构，概念结构系统既独立于特定的数据库逻辑结构，又独立于计算机软硬件系统。概念结构系统是现实世界和机器世界的中介，一方面能够充分反映现实世界中实体与实体之间的联系，另一方面又易于向关系、网状、层次等各种数据类型转换。概念结构系统是现实世界的一个真实模型，易于理解，便于和不熟悉计算机的用户交谈意见，有利于用户参与，进行高效的沟通和交流。当现实世界需求改变时，概念结构又可以很容易作相应调整。因此，概念结构设计是整个数据库设计的关键所在。

在概念结构设计中，最常用的方法是实体-联系方法（entity-relationship approach，E-R 法）。E-R 法把事物看成实体与实体间的联系，用 E-R 图来表示。E-R 图有 3 个基本成分即实体、联系和属性。"实体"是一个实在的对象或事件，用方框表示；"联系"是实体之间的联系，用菱形框表示，用无向边将菱形与有关的实体方框连接，在连线边上用数字表示实体之间的对应关系；"属性"是表示实体或联系的特性，它有数值，用椭圆或圆表示。

3. 逻辑结构设计

逻辑结构设计是根据数据库的概念结构和数据库管理系统特征设计出数据库的逻辑结构。数据库逻辑结构设计的目的是设计一个反映现实世界的概念模型，设计过程应符合一般人的思维，便于工程化。逻辑结构设计的过程通常分为三个阶段：第一阶段是收集和分析用户需求，确定系统边界、分析系统内部结构；第二阶段是用 E-R 法先建立局部 E-R 模型，再将局部 E-R 模型综合成总体 E-R 模型；第三阶段是将总体 E-R 模型转换成模式并优化，即数据库的模式设计。

4. 物理结构设计

数据库的物理结构是指数据库在物理设备上的存储结构和存取方法。为一个给定的逻辑数据模型选取一个最适应环境的物理结构的过程，就是物理结构设计。数据库的物理结构设计通常确定数据库的物理结构，在进行数据库的物理设计时，应考虑存储空间的分配、数据的存储表示及存储结构的选择等三个方面的问题。

考虑存储空间分配问题时应遵循两个原则：一是存取频率高的数据应存储在快速设备上；二是相互依赖性强的数据尽可能存储在同一台设备上，且尽量安排在邻近的存储空间。

5. 数据字典

数据分为数值数据和非数值数据两种。数值数据可以用十进制形式、字符形式或二进制形式表示和存储，它们各自占有的空间大小（即字节数）是不同的，运算能力也不相同。因此，应当根据数据应用的一般情况来选择存储形式。非数值数据一般用字符串表示和存储，为了节省空间，可利用压缩技术，但必须有软件支持。

存储结构的选择与数据的应用有密切的关系，应当确定记录的存取是用顺序方法，还是用索引方法或直接方法。实现关系是用位置毗邻法，还是用指针链法；如果用指针链法，还应指出用什么样的指针或指针组合。存储结构的选择原则是要尽量保证整个系统有较高的效率和较好的性能。

环境信息系统数据字典是以系统数据字典为核心的数据库应用系统，由应用程序、系统数据字典、数据仓库和维护程序四部分组成。其中，应用程序先通过系统数据字典动态存取系统核心数据，然后再根据系统核心数据对数据仓库进行操作。维护程序一般非常简单，是系统数据字典的管理程序，主要是为了防止因误操作对系统数据字典造成破坏而设置的。若想修改报表的内容、增加或删除报表，只需对这张系统数据字典的内容或相关的视图做出修改，不必修改应用程序。数据库应用系统构成见图 5-13。

图 5-13　数据库应用系统构成图

以系统数据字典为核心的开发方法是基于数据库应用系统的核心算法与核心数据分离的思想；经过对系统功能的详细分析，科学归纳出系统信息后，将它们存放在系统数据字典中；应用系统任何一种功能的实现都需动态地从系统数据字典中提取信息。以系统数据字典为核心的数据库应用系统适应性强、易于修改维护，而且开发周期短，具有较高的实用性及效率。

5.7.2　数据库需求分析

为满足城市水环境管理需求，实现城市水环境管理平台信息管理和评估功能，根据总体的系统需求分析，初步设定平台包括城市水环境管理核心信息数据库、城市水环境管理平台业务数据库及水质模型计算数据库等。

1. 城市水环境管理核心信息数据需求分析

基于管理平台数据需求分析，城市水环境管理核心信息数据的需求主要包括水环境基础地理信息数据、水文水质数据、典型河段水动力数据、社会经济数据、城市生态环境数据及其他类型数据，详见 5.2.5 节。

2. 城市水环境管理平台业务数据需求分析

城市水环境管理平台业务数据主要包括平台功能模块在交互过程中产生的业务数据及数据库管理的基本需求，如角色、用户管理等。

3. 城市水环境水质模型计算数据需求分析

管理平台会涉及城市水环境质量的计算，其水质模型是基础，需要对水质模型进行率定验证和模型管理。因此，设计水质模型数据库，其需求主要是率定验证需要的数据及率定验证过程和使用过程需要存储的业务数据。

5.7.3　数据库概念设计

城市水环境管理平台数据库的各城市信息包括城市编号、河流环境信息、湖库环境信息、生态环境信息、社会经济信息、市政设施信息、水压力状态信息、支撑力状态信息等，如图 5-14 所示。其中，河流环境信息、湖库环境信息等还可进一步分解。

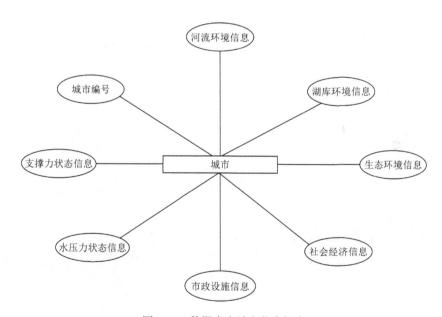

图 5-14　数据库中城市信息概念

（1）城市生态环境信息包括城市编号、城市总面积、化肥施用面积、不透水面积、林地面积、草地面积和水压力状态等属性情况，如图 5-15 所示。

（2）城市社会经济信息包括城市编号、城市产业结构、人均 GDP、年总 GDP、水总排放量及万元 GDP 用水量等属性情况，如图 5-16 所示。

（3）城市市政设施信息包括城市编号、城市污水处理厂数量、排放污水浓度、污水排放量、生态基流保证天数及污水处理能力等属性情况，如图 5-17 所示。

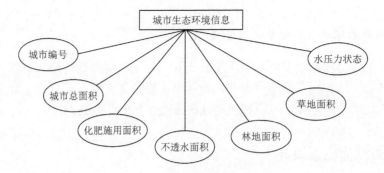

图 5-15　城市生态环境属性信息

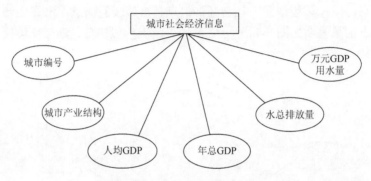

图 5-16　城市社会经济属性信息

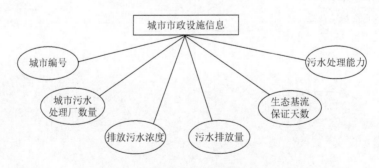

图 5-17　城市市政设施属性信息

（4）监测河段断面信息包括断面编号、断面名称、河流编号、是否国控断面、断面经度和纬度等属性情况，如图 5-18 所示。

（5）断面水质信息包括数据来源、监测时间、断面编号、水温、总氮、氨氮、总磷、COD、铜、监测单位等属性情况，如图 5-19 所示。

（6）断面水文信息包括断面编号、城市编号、水域类型、水体级别、流量和流速等属性情况，如图 5-20 所示。

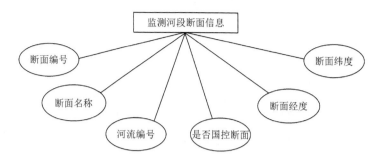

图 5-18　监测河段断面属性信息

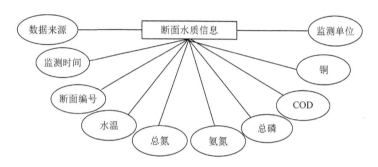

图 5-19　断面水质属性信息

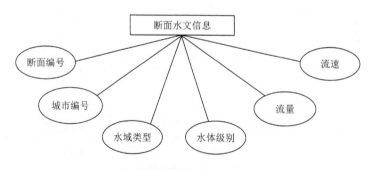

图 5-20　断面水文属性信息

（7）断面水动力信息包括断面编号、COD 降解系数、总氮降解系数、氨氮降解系数、总磷降解系数和河流离散系数等属性情况，如图 5-21 所示。

（8）河流信息包括河流编号、所属流域、水资源情况、水环境情况及河流名称等属性情况，如图 5-22 所示。

（9）城市河段信息包括河流在城市辖区部分的编号、河段长度、河流编号及河段名称等属性情况，如图 5-23 所示。

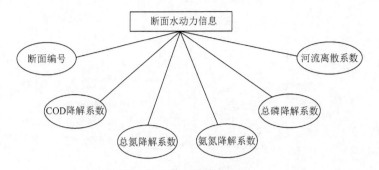

图 5-21　断面水动力属性信息

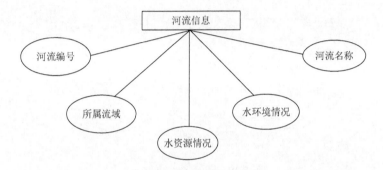

图 5-22　河流属性信息

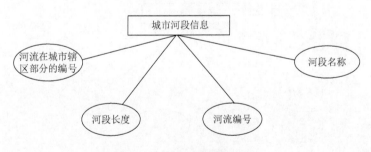

图 5-23　城市河段属性信息

（10）城市湖库监测断面信息包括断面编号、湖库编号、是否为国控断面、断面经度和纬度、所属市级行政区及城市所在区域湖库编号等属性情况，如图 5-24 所示。

（11）城市湖库信息包括湖库编号、湖库名称和湖库在城市辖区部分的编号等属性情况，如图 5-25 所示。

（12）湖库信息包括湖库编号、水域面积、常年水位和水量、湖库名称等属性情况，如图 5-26 所示。

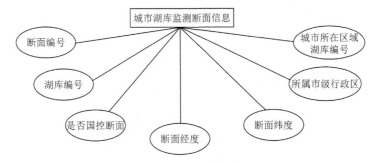

图 5-24　城市湖库监测断面属性信息

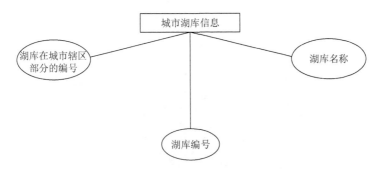

图 5-25　城市湖库属性信息

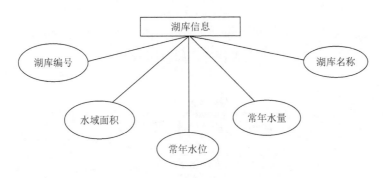

图 5-26　湖库属性信息

（13）城市水环境压力信息包括城市编号、污径比、城镇污染负荷入河率、农村污染负荷入河率、城镇下垫面不透水率、化肥施用比率、城市水环境压力综合值等属性情况，如图 5-27 所示。

（14）城市水环境支撑力信息包括城市编号、地表水达标断面比率、生态基流保证率、水草林地比例、岸带高生态功能用地比例、自然岸线保有率及城市水环境支撑力综合值等属性情况，如图 5-28 所示。

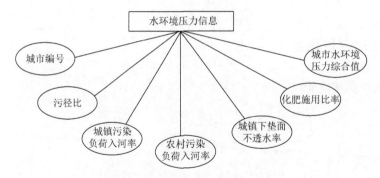

图 5-27 城市水环境压力属性信息

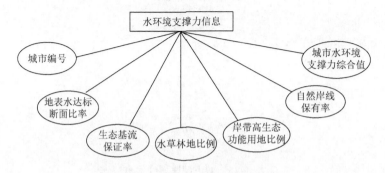

图 5-28 城市水环境支撑力属性信息

（15）城市其他信息包括城市编号、城市名称、城市级别、是否是直辖市、城市所属省份及城市所在地域等属性情况，如图 5-29 所示。

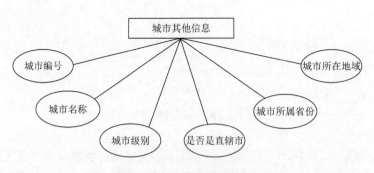

图 5-29 城市其他属性信息

（16）核心信息数据库总体 E-R 图：城市水环境管理平台数据库概念设计主要包括城市水环境管理核心信息数据库的概念 E-R 图设计。根据数据项和数据结构，可以得出满足管理要求的实体。

5.7.4　数据库逻辑结构设计

1. 城市水环境管理平台核心信息数据库逻辑结构设计

城市水环境管理平台核心信息数据库逻辑结构设计主要包括城市生态环境表、城市社会经济信息表、城市市政设施信息表、监测河段断面信息表、断面水质信息表、断面水文信息表、断面水动力信息表、河流环境信息表、湖库信息表、水环境压力表、水环境承载力表、城市湖库表、城市河段表、城市湖库关系表、城市河段关系表和城市信息表等，见表 5-13～表 5-44。

表 5-13　城市生态环境表

表名	中文表名
RBAC_ECO_TAB	城市生态环境表

表 5-14　城市生态环境表的列描述

列名	主键	空值	类型	描述
ECO_CNO	PK		int	城市编号
ECO_ARE	—	—	float	城市总面积
ECO_FER	—	—	float	化肥施用面积
ECO_IMP	—	—	float	不透水面积
ECO_FOR	—	—	float	林地面积
ECO_GRA			float	草地面积
ECO_STR	—	—	float	水压力状态
LAST_LOGIN_TIME	—	—	datetime	最近登录时间

表 5-15　城市社会经济信息表

表名	中文表名
RBAC_SOC_TAB	城市社会经济信息表

表 5-16　城市社会经济信息表的列描述

列名	主键	空值	类型	描述
SOC_CNO	PK		int	城市编号
SOC_IND	—	—	float	城市产业结构

续表

列名	主键	空值	类型	描述
SOC_PGDP	—	—	float	人均 GDP
SOC_TGDP	—	—	float	年总 GDP
SOC_WEM	—	—	float	水总排放量
LAST_LOGIN_TIME	—	—	datetime	最近登录时间

表 5-17　城市市政设施信息表

表名	中文表名
RBAC_MUN_TAB	城市市政设施信息表

表 5-18　城市市政设施信息表的列描述

列名	主键	空值	类型	描述
MUN_CNO	PK	—	int	城市编号
MUN_NUSP	—	—	float	城市污水处理厂数量
MUN_CON	—	—	float	排放污水浓度
MUN_DIS	—	—	float	污水排放量
MUN_EBF	—	—	float	生态基流保证天数
MUN_CAP			float	污水处理能力
LAST_LOGIN_TIME	—	—	datetime	最近登录时间

表 5-19　监测河段断面信息表

表名	中文表名
RBAC_MSE_TAB	监测河段断面信息表

表 5-20　监测河段断面信息表的列描述

列名	主键	空值	类型	描述
MSE_SEC	PK	—	int	断面编号
MSE_CNO	—		int	城市编号
MSE_NAT	—		int	是否国控断面
MSE_GEO	—		float	断面经纬度
MSE_REG	—		float	流经行政区
LAST_LOGIN_TIME	—	—	datetime	最近登录时间

表 5-21　断面水质信息表

表名	中文表名
RBAC_WQ_TAB	断面水质信息表

表 5-22　断面水质信息表的列描述

列名	主键	空值	类型	描述
WQSEC	PK	—	int	断面编号
WQ_MORT	—	—	int	监测时间
WQ_TEM	—	—	float	水温
WQ_NIT	—	—	float	总氮
WQ_AMM	—	—	float	氨氮
WQ_COD	—	—	float	COD
WQ_BOD			float	BOD
WQ_TP			float	总磷
WQ_CU			float	铜
WQ_DEP			float	监测单位
WQ_SOU			float	数据来源
LAST_LOGIN_TIME	—	—	datetime	最近登录时间

表 5-23　断面水文信息表

表名	中文表名
RBAC_HYD_TAB	断面水文信息表

表 5-24　断面水文信息表的列描述

列名	主键	空值	类型	描述
HYD_SEC	PK	—	int	断面编号
HYD_CNO	—		int	城市编号
HYD_BAS	—	—	float	水域类型
HYD_LEV	—	—	float	水体级别
HYD_DIS	—	—	float	流量
HYD_VEL	—	—	float	流速
LAST_LOGIN_TIME	—	—	datetime	最近登录时间

表 5-25　断面水动力信息表

表名	中文表名
RBAC_DYN_TAB	断面水动力信息表

表 5-26　断面水动力信息表的列描述

列名	主键	空值	类型	描述
DYN_SEC	PK	—	int	断面编号
DYN_COD	—	—	float	COD 降解系数
DYN_NIT	—	—	float	总氮降解系数
DYN_AMM	—	—	float	氨氮降解系数
DYN_PHO	—	—	float	总磷降解系数
DYN_DIS	—	—	float	河流离散系数
LAST_LOGIN_TIME	—	—	datetime	最近登录时间

表 5-27　河流环境信息表

表名	中文表名
RBAC_RIVEN_TAB	河流环境信息表

表 5-28　河流环境信息表的列描述

列名	主键	空值	类型	描述
RIV_NUM	PK	—	int	河流编号
RIV_NAM	—	—	int	河流名称
RIV_BAS	—	—	int	所属流域
RIV_RES	—	—	int	水资源情况
RIV_ENV	—	—	int	水环境情况
LAST_LOGIN_TIME	—	—	datetime	最近登录时间

表 5-29　湖库信息表

表名	中文表名
RBAC_LAK_TAB	湖库信息表

表 5-30　湖库信息表的列描述

列名	主键	空值	类型	描述
LAK_RIE	PK	—	int	湖库编号
LAK_NAM	—		int	湖库名称
LAK_ARE	—		int	水域面积
LAK_LEV	—		int	常年水位
LAK_DIS	—		int	常年水量
LAST_LOGIN_TIME	—	—	datetime	最近登录时间

表 5-31　水环境压力表

表名	中文表名
RBAC_ENPRE_TAB	水环境压力表

表 5-32　水环境压力表的列描述

列名	主键	空值	类型	描述
ENPRE_CNO	PK		int	城市编号
ENPRE_RAT	—		float	污径比
ENPRE_CITY	—	—	float	城镇污染负荷入河率
ENPRE_COUN	—		float	农村污染负荷入河率
ENPRE_IMP	—	—	float	城镇下垫面不透水率
ENPRE_FER	—		float	化肥施用比率
ENPRE_INDEX	—		float	城市水环境压力综合值
LAST_LOGIN_TIME	—	—	datetime	最近登录时间

表 5-33　水环境承载力表

表名	中文表名
RBAC_ENBEA_TAB	水环境承载力表

表 5-34　水环境承载力表的列描述

列名	主键	空值	类型	描述
ENBEA_CNO	PK		int	城市编号
ENBEA_SEC	—		float	地表水达标断面比率

列名	主键	空值	类型	描述
ENBEA_ECOFLOW	—	—	float	生态基流保证率
ENBEA_GRAS	—	—	float	水草林地比例
ENBEA_ECOFUN	—	—	float	岸带高生态功能用地比例
ENBEA_NATCOA	—	—	float	自然岸线保有率
ENBEA_INDEX	—	—	float	城市水环境支承力综合值
LAST_LOGIN_TIME	—	—	datetime	最近登录时间

表 5-35   城市湖库表

表名	中文表名
RBAC_CLAK_TAB	城市湖库表

表 5-36   城市湖库表的列描述

列名	主键	空值	类型	描述
CLAK_CNO	PK		int	湖库在城市辖区部分的编号
CLAK_NAM	—	—	float	湖库名称
CLAK_NUM	—	—	float	湖库编号
LAST_LOGIN_TIME	—	—	datetime	最近登录时间

表 5-37   城市河段表

表名	中文表名
RBAC_CREA_TAB	城市河段表

表 5-38   城市河段表的列描述

列名	主键	空值	类型	描述
CREA_CNO	PK		int	河流在城市辖区部分的编号
CREA_NAM	—	—	float	河段名称
CREA_NUM	—	—	float	河段编号
CREA_LEN	—	—	float	河段长度
LAST_LOGIN_TIME	—	—	datetime	最近登录时间

表 5-39　城市湖库关系表

表名	中文表名
RBAC_CLACRE_TAB	城市湖库关系表

表 5-40　城市湖库关系表的列描述

列名	主键	空值	类型	描述
CLACRE_ID	PK		int	ID
CLACRE_CNUM	—		float	城市编号
CLACRE_NUM			float	湖库在城市辖区部分的编号
CLACRE_REM			float	备注
LAST_LOGIN_TIME	—	—	datetime	最近登录时间

表 5-41　城市河段关系表

表名	中文表名
RBAC_CREARE_TAB	城市河段关系表

表 5-42　城市河段关系表的列描述

列名	主键	空值	类型	描述
CREARE_ID	PK		int	ID
CREARE_CNUM	—	—	float	城市编号
CREARE_NUM			float	河段编号
CREARE_REM			float	备注
LAST_LOGIN_TIME	—		datetime	最近登录时间

表 5-43　城市信息表

表名	中文表名
RBAC_CITY_TAB	城市信息表

表 5-44　城市信息表的列描述

列名	主键	空值	类型	描述
CITY_NAM	PK		int	城市名称
CITY_CLEV	—	—	float	城市级别
CITY_DCM	—	—	float	是否直辖市

续表

列名	主键	空值	类型	描述
CITY_PRO	—	—	float	城市所属省份
CITY_TER	—	—	float	城市所在地域
LAST_LOGIN_TIME	—	—	datetime	最近登录时间

2. 城市水环境管理平台业务数据库逻辑结构设计

城市水环境管理平台业务数据库逻辑结构设计主要包括用户表、角色表、用户-角色关系表、功能表及角色-功能表等，见表 5-45~表 5-54。

表 5-45　用户表

表名	中文表名
RBAC_USR_TAB	用户表

表 5-46　用户表的列描述

列名	主键	空值	类型	描述
USR_CDE	—	—	varchar（30）	用户代码
USR_NAME	—	—	varchar（50）	用户姓名
USR_PWD	—	—	varchar（50）	用户密码
LAST_LOGIN_TIME	—	—	datetime	最近登录时间

表 5-47　角色表

表名	中文表名
RBAC_ROLE_TAB	角色表

表 5-48　角色表的列描述

列名	主键	空值	类型	描述
ROLE_CDE	—	—	varchar（30）	角色代码
ROLE_DESC	—	—	varchar（50）	角色名称

表 5-49　用户-角色关系表

表名	中文表名
RBAC_ROLE_USR_TAB	用户-角色关系

表 5-50　用户-角色关系表的列描述

列名	主键	空值	类型	描述
RBA_SYSNO	—	—	varchar（50）	角色表_SYSNO
SYSNO	—	—	varchar（50）	用户表_SYSNO

表 5-51　功能表

表名	中文表名
RBAC_FUNC_TAB	功能表

表 5-52　功能表的列描述

列名	主键	空值	类型	描述
FUNC_CDE	—	—	varchar（30）	功能代码
FUNC_DESC	—	—	varchar（50）	功能名称

表 5-53　角色-功能表

表名	中文表名
RBAC_ROLE_FUNC_TAB	角色-功能

表 5-54　角色-功能表的列描述

列名	主键	空值	类型	描述
RBA_SYSNO	—	—	varchar（50）	角色表_SYSNO
SYSNO	—	—	varchar（50）	SYSNO

3. 城市水环境管理平台水质模型数据库逻辑结构设计

城市水环境管理平台水质模型数据库逻辑结构设计主要包括率定及验证用数据表、率定及验证用数据来源信息表、率定过程参数值表、率定过程信息表、模型定解条件信息表、验证过程信息表、水质模型信息表及模型参数信息表等，其中，率定及验证用数据表主要用来存储率定及验证时要使用的实际数据来源的数据值，见表 5-55。率定及验证用数据表的列描述见表 5-56。率定及验证用数据来源信息表用来存储率定及验证时要使用的实际数据来源信息，见表 5-57。率定及验证用数据来源信息表的列描述见表 5-58。率定过程参数值表用来存储率定时使用的具体参数值，如弥散系数，见表 5-59。率定过程参数值表的列描述见表 5-60。率定过程信息表用来存储一次率定过程的信息，见表 5-61。率定过程信息表的列描述见表 5-62。模型定解条件信息表用来存储各种模型的定界条件信息，如污染物质量、河流流速等，见表 5-63。模型定解条件信息表的列描述见表 5-64。验证过程信息表用来存储对每次率定过程的验证过程信息，见表 5-65。验证过程信息表的列描述见表 5-66。水质模型信息表用来存储水质模型的基本信息，见表 5-67。水质模型信息表的列描述见表 5-68。模型参数信息表用来存储各个水质模型的各种参数信息，见表 5-69。模型参数信息表的列描述见表 5-70。

表 5-55　率定及验证用数据表

表名	中文表名
T_CalibrationAndVerificationData	率定及验证用数据表

表 5-56　率定及验证用数据表的列描述

列名	主键	空值	类型	描述
data_id	PK	否	int	逻辑主键
source_id		否	int	经度
x	—	是	decimal（14, 7）	X
y		是	decimal（14, 7）	Y（2D）
z		是	decimal（14, 7）	Z（3D）
t		是	decimal（14, 0）	时刻
c		是	decimal（14, 7）	浓度
notes	—	是	nvarchar（max）	备注

表 5-57　率定及验证用数据来源信息表

表名	中文表名
Y_CalibrationAndVerificationDataSourceInfo	率定及验证用数据来源信息表

表 5-58　率定及验证用数据来源信息表的列描述

列名	主键	空值	类型	描述
source_id	PK	否	int	逻辑主键
operator	—	是	nvarchar（40）	数据来源
analysis_method	—	是	nvarchar（80）	分析方法
time		是	datetime	测量时间
notes		是	nvarchar（max）	备注

表 5-59　率定过程参数值表

表名	中文表名
T_CalibrationParameterData	率定过程参数值表

表 5-60　率定过程参数值表的列描述

列名	主键	空值	类型	描述
data_id	PK	否	int	逻辑主键
parameter_id	—	否	int	参数 ID
calibration_id	—	否	int	率定过程 ID
value	—	是	decimal（14, 7）	参数值
notes	—	是	nvarchar（max）	备注

表 5-61　率定过程信息表

表名	中文表名
T_CalibrationProcess	率定过程信息表

表 5-62　率定过程信息表的列描述

列名	主键	空值	类型	描述
calibration_id	PK	否	int	逻辑主键
model_id	—	否	int	率定过程 ID
source_id	—	否	int	数据来源 ID
in_used	—	是	bit	是否可应用
pollutant_cn	—	是	varchar（8）	污染物 CN 号
object_river_reach	—	是	nvarchar（40）	目标河段描述
hydrodynamic_condition	—	是	nvarchar（40）	水力学条件
time	—	是	datetime	率定时间
operator	—	是	nvarchar（40）	率定人
reliability	—	是	decimal（14, 7）	可靠度
rmse	—	是	decimal（14, 7）	平均方根误差
rme	—	是	decimal（14, 7）	平均相对误差
notes	—	是	nvarchar（max）	备注

表 5-63　模型定解条件信息表

表名	中文表名
T_ModelSolvingCondition	模型定解条件信息表

表 5-64　模型定解条件信息表的列描述

列名	主键	空值	类型	描述
condition_id	PK	否	int	逻辑主键
model_id	—	否	int	模型 ID
name	—	否	nvarchar（40）	条件名称
value	—	是	decimal（14,7）	条件值
type	—	是	tinyint	类型
unit	—	是	varchar（20）	单位
meaning	—	是	nvarchar（100）	含义
notes	—	是	nvarchar（max）	备注

注：type 中，1 为边界条件，2 为初始条件，3 为无穷条件。

表 5-65　验证过程信息表

表名	中文表名
T_VerificationProcess	验证过程信息表

表 5-66　验证过程信息表的列描述

列名	主键	空值	类型	描述
verification_id	PK	否	int	逻辑主键
calibration_id	—	否	int	率定过程 ID
time	—	是	datetime	验证时间
operator	—	是	nvarchar（40）	验证人
reliability	—	是	decimal（14,7）	可靠度
rmse	—	是	decimal（14,7）	平均方根误差
rme	—	是	decimal（14,7）	平均相对误差
notes	—	是	nvarchar（max）	备注

表 5-67　水质模型信息表

表名	中文表名
T_WaterQualityModelBasicInfo	水质模型信息表

表 5-68　水质模型信息表的列描述

列名	主键	空值	类型	描述
model_id	PK	否	int	逻辑主键
name	—	否	nvarchar（100）	模型名称
dimension	—	是	tinyint	维数
determinate	—	是	nvarchar（40）	事故发现人
expression_image_path	—	是	nvarchar（100）	表达式路径
exefile_path	—	是	nvarchar（100）	执行文件路径
pro_treat_software	—	是	nvarchar（100）	前处理软件名
pro_treat_file_path	—	是	nvarchar（100）	前处理软件文件路径
post_treat_software	—	是	nvarchar（100）	后处理软件名
post_treat_file_path	—	是	nvarchar（100）	后处理软件文件路径
notes		是	nvarchar（max）	备注

注：dimension 中，1 为一维，2 为二维。

表 5-69　模型参数信息表

表名	中文表名
T_ModelParameterInfo	模型参数信息表

表 5-70　模型参数信息表的列描述

列名	主键	空值	类型	描述
parameter_id	PK	否	int	逻辑主键
model_id	—	否	int	模型 ID
name		否	nvarchar（40）	参数名称
unit	—	是	varchar（20）	单位
meaning	—	是	nvarchar（100）	含义
value_range	—	是	nvarchar（40）	取值范围描述
notes	—	是	nvarchar（max）	备注

第 6 章　基于物质流代谢的城市水环境问题诊断方法

6.1　诊　断　方　法

城市污染源空间信息具有来源多样、数据量大、类型丰富、结构不同、时序不连贯、空间不连续等特点，无法直接进行有效利用以服务城市环境管理实践。本书首先运用城市多元环境数据融合与同化技术，对海量城市水环境数据进行标准化处理，以实现城市水环境数据的结构一致化、时序连续化、空间一体化，构建城市水环境管理平台数据中心。

其次，采用 GIS 技术对城市水污染源、水环境、水污染受体等信息数据进行输入、编辑、处理、分析和可视化输出等操作，包括系统的设计、环境空间数据库和非空间数据库的建设与关联及空间应用分析模型的构建。

最后，集成物质流、清单分析、不确定性分析等模型，通过对环境数据的统计分析，实现城市水污染源空间统计、排放清单分析、污染格局刻画、水环境预警、水污染事故源解析等功能，为我国城市水环境管理平台建设提供技术支持。

6.1.1　信息采集与分析平台

选择 ESRI 公司研发的 ArcGIS 作为城市污染源空间信息采集与清洗的基础研发平台，该软件具有深厚的理论及工程技术底蕴，并具有强大的二次开发功能，具有使用方便、制图编辑一体化和全新的数据模型等特点。在多源环境数据融合与同化技术研发中，选择 Python 语言作为基本开发语言，ArcGIS 的桌面软件 ArcMap 作为数据处理平台，ArcSDE 作为空间数据引擎，ArcCatalog 作为数据管理平台，GeoDatabase 作为数据库模型存储数据。

6.1.2　城市污染源空间信息采集

城市水环境相关的基础地理信息数据主要通过实测或网络数据库获取，常见的基础地理信息数据类型包括矢量数据与栅格数据。平台所需数据包括行政区划、路网和水系（河流分布及流量）、降水量、人口密度分布等矢量数据及数字高程模型（digital elevation model，DEM）、土地利用等栅格数据，主要数据采集方法如下。

（1）行政区划、路网和水系数据一般来自国家和各地区测绘局，本书的研究尺度为城市层面，因此可采用城市测绘局的数据。

（2）土地利用数据通过网络数据库获取，也可直接遥感影像解译。遥感数据通过中国科学院计算机网络信息中心"地理空间数据云"平台和美国地质勘探局网络数据平台获取。以地理空间数据云平台为例，根据目标城市对应的条带号和行编号、成像时间及云量获取合适数据，并用 ERDAS、ENVI 等软件进行包括多波段融合、数据裁剪、数据拼接等内容的预处理、遥感影像裁剪与提取、增强处理、目视解译或计算机解译，得到目标城市土地利用情况，该数据可直接在 ArcMap 中加载及处理。

（3）数字高程模型数据通过中国科学院计算机网络信息中心"地理空间数据云"平台获取。将获取的数据进行数据拼接、裁剪及奇异值处理等预处理，Hillshade 文件制作及晕渲图处理后，得到带有基础地形地貌特征的工作底图，该底图在后续工作中可进行包括高程分析、坡度计算、坡向计算在内的基础地形及包括水文分析的延伸地形分析，为后期城市水环境污染物的扩散计算提供数据支撑。

（4）人口密度数据通过美国橡树岭国家实验室数据平台获取。由于该数据是全球数据，降尺度到区域尺度后需要进行校核。此数据具有分辨率较高、数据可靠性强的特点。

6.1.3　城市污染源空间信息清洗

城市污染源空间信息清洗主要分为数据融合与同化技术及地统计分析技术。

数据融合与同化技术可以实现城市基础地理信息数据，城市河流水系基本数据，污染源数据的时序一致、空间无缝衔接。首先进行多源环境数据的配准，即保证多种数据的坐标系一致。影像图的配准可使用 ArcMap 进行投影变换、控制点输入、校正与空间匹配。此外，还可采用设置参数法对坐标系不同的数据进行坐标一致化。多源环境数据融合方法可以展示信息之间如何叠加、相交和连接，例如展示某一区域内污染源点位，某区域范围内污染物排放量的平均值或标准差等属性，采用 Thiessen、Pycnophylactic 和 Kriging 插值法对排放浓度进行插值处理，绘制适宜分辨率的网格图。

地统计分析技术即利用地统计学和 GIS 的无缝链接技术，在 GIS 平台中嵌入地统计分析包（如各污染源排放强度统计表），通过变异函数对城市污染源信息的空间分布进行建模，然后利用 Estimation 或 Simulation 方法进行未知点的解算。该过程以各种可视化图表的形式进行交互性分析，如直方图、QQ-plot 图、协方差图等，最终可以实现检验统计数据质量、表面预测和误差建模的功能。

将清洗后的数据通过 ArcCatalog 软件以文件夹链接的方式分层输入各目录树中，构建地理基础信息数据库、城市河流水系基本数据库、污染源数据库等数据集，为后续研究提供数据支撑。

6.1.4　城市水污染物排放清单

根据城市污染源空间信息采集与清洗方法可以构建可视化的城市水环境污染源空间信息数据库。在此数据库的基础上可以搭建城市水环境排放清单分析的研究框架，如图 6-1 所示，再结合工业源、生活源、农业源等污染源的各类污染物（BOD$_5$、COD、氨氮、总磷）排放特点构建污染物核算模型。

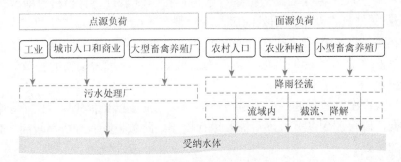

图 6-1　城市水环境排放清单分析框架

城市水环境的污染负荷可分为点源和面源两大部分。点源主要来自工业、城市人口和商业，它们与污水管网相连，从发生点到进入水体之间的输运距离一般很短，除了污水处理厂处理的部分，其间发生的削减可忽略不计。大型畜禽养殖厂由于规模较大、管理相对完善，也可被视作点源。面源污染主要来源于农业种植、小型畜禽养殖厂和农村人口。由于流域的截留和削减作用，有很大一部分面源负荷在进入水体之前被削减。削减作用可以采用距离削减系数即污染物迁移过程中发生的一级降解速率来衡量。绝大部分化肥在农田内被作物吸收或微生物分解，只有很少一部分流失；而大量畜禽粪便被用作农家肥，也只有部分最终进入水体。因此，对农业种植和畜禽污染而言，还应该再考虑流失系数。同时，假定农村生活污染的排放不受降雨径流的影响，即排放速率恒定，而农业种植和畜禽养殖负荷的排放则取决于降雨径流，即晴天时没有排放，而只有在降雨期间进入水体，并且进一步假定负荷排放强度与降雨径流强度成正比。

在城市水环境污染源清单的基础上，可以对各类污染源（农业种植、生活、畜禽、面源、污水处理厂、工业企业等）污染贡献进行评估，识别主要的污染源，为城市水环境整治提供数据支撑。本书的污染贡献评估采用等标污染负荷法，是指污染源排放某种污染物的量与该物质的排放标准之比，即假定污染源排出的全部污染物都稀释到排放标准时所需的介质的量。该方法用于污染源评价，能较直观地反映出各污染源排污量的污染程度，该法简单易行且具有较好的综合性，其计算公式为

$$P_{ik} = \frac{C_{ik}}{C_{ok}} Q_{ik} = \frac{q_{ik}}{C_{ok}} \tag{6-1}$$

$$P_i = \sum_k P_{ik} \tag{6-2}$$

$$P_I = \frac{C_I \times Q_I}{C_{OI}} \tag{6-3}$$

式中，P_{ik} 为污染源 i 排放的污染物 k 的等标污染负荷；

C_{ik} 为污染源 i 排放的污染物 k 的平均浓度；

C_{ok} 为污染物 k 的环境质量标准或排放标准；

Q_{ik} 为污染源 i 所排污染物 k 的流量；

q_{ik} 为污染源 i 所排污染物 k 的总量；

P_i 为污染源 i 排放的总等标污染负荷；

P_I 为某污染物的等标污染负荷；

C_I 为某污染物的实测浓度；

C_{OI} 为某污染物的排放标准；

Q_I 为含某污染物的废水排放量。

6.1.5　城市物质流健康水平评估（以磷为例）

氮、磷等营养物质过量输入是造成城市水体富营养化的根本原因，控制外源氮、磷的过量输入更是关键所在。已有研究表明[49]：①磷元素作为一种有限的资源，是区域农业生产和磷加工产业的资源命脉；②磷循环对氮循环具有极大的促发连带效应；③区别于氮作为自然循环通量，磷以液相形式稳定存在，不参与大气循环，具有较大的可核算性。因此，本书以磷为对象开展研究。

现有的磷排放量核算基本上都是基于对入湖河道水质水量等指标的监测数据估算得来的，这种核算方法虽然大致确定了入湖总磷量，但无法知道输入河道水体磷的主要来源。只有通过了解城市经济社会系统中磷代谢的主要过程和产生磷排放的主要环节，获取磷物质流及磷排放入水体的通量大小，才能从根本上追踪磷排放的源头，实现系统优化调控。

物质流分析[50]（substance flow analysis，SFA）是基于物质代谢研究方法发展起来的一种严格的定量化的分析工具，旨在分析各种物质材料在现代经济社会中

的物质流动与环境问题之间的关联关系,通过分析经济发展与物质流的结构变化,研究物质流动的基本动力与调控策略,进而为解决社会经济环境协调可持续发展提供新的政策依据。因此,本书借助物质流分析技术开展城市经济社会系统磷代谢研究,从全生命周期的角度,厘清城市经济社会活动磷流清单,建立资源开采、产品加工制造、产品使用、废弃物处置、循环再生等一系列活动之间的关系,核算各个过程污染物排放量,将资源使用、有害物质排放与其潜在根源联系起来;进行城市磷代谢研究,系统深入地剖析城市磷元素代谢过程及其基本规律,为城市水体富营养化控制制定系统性政策方案和调控措施提供数据支撑和决策依据。

磷代谢分析框架中的主要阶段依次表明了磷元素从岩石圈进入人类社会生产、消费到最终废弃排入环境中的全过程,如图 6-2 所示,具体包括以下四个子系统:①磷矿资源通过磷矿开采过程从自然界岩石圈进入社会经济系统,采掘和矿石粗选过程中产生含磷尾矿和废渣等固体废弃物及选矿废水;②磷产品加工业利用磷矿石原料制取化肥、农药、饲料和洗涤用品等化工产品,同时排放含磷工业废水和以磷石膏为主的化工废渣;③磷化肥作为最主要的磷化工产品在农业种植中广泛使用,而进入作物中的磷则通过农产品消费或其废弃物利用与畜禽养殖业和居民生活消费产生关联,未被利用的养分累积在土壤中,易随农田径流进入水体,并直接影响地表水质;④工业生产含磷废物及城镇生活废物进入

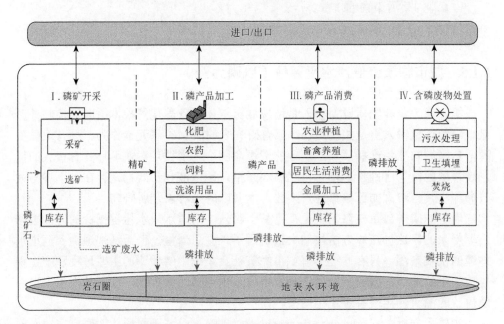

图 6-2　城市物质代谢分析框架(以磷为例)

废物处置过程进行集中处理与处置。工业污水和生活污水处理主要将污水集中收集入污水处理系统进行净化除磷，污水处理后，磷素去向为进入污泥和留在水体。上述 4 个过程涵盖了磷元素在社会经济系统中的主要代谢过程，且相互关联、相互作用形成一个有机整体，对城市水体富营养化产生协同影响。

基于 SFA 的城市尺度磷流分析方法不仅可以量化各个过程向城市水环境排放的总磷量，而且能够通过对各个过程中库存、输入流、输出流的平衡计算，校验磷排放流的准确度。因此，与排放清单方法相比，基于 SFA 的城市尺度磷流分析方法在结果的校验上更具优势[51]。

6.2　基于磷物质代谢的城市水环境问题诊断案例

6.2.1　研究背景

城市水环境物质代谢过程分析以合肥市作为案例。合肥位于长江、淮河之间，地理环境优越、水系发达，流经市内的主要入巢湖河流占环巢湖河流数量的三分之一，主要包括南淝河、十五里河及派河，这些河道与城乡居民生活发展关系密切。长期以来，在调蓄洪水、城乡供水、水产养殖、发展航运、净化水质、调节气候及维护生物多样性等方面发挥了巨大作用。

近年来，合肥市经济社会持续快速发展，GDP 年均增长 17.6%，成为东部省会城市中发展最快的城市之一。伴随着经济社会的全面发展和城镇建设步伐的不断加快，合肥市的人口规模日益扩大，城镇化水平大幅提高。目前，合肥市蜀山区、庐阳区、瑶海区和包河区四区的总人口数达到了 203.5 万人，人口城镇化率已达 84.3%，人口数量的急剧膨胀，促进了消费的快速增长。在城乡消费需求和产业政策的促进下，合肥市大力推动农业产业化，发展规模经济，形成了生猪、家禽、乳业、蔬菜园艺、饲料等几大产业集群，合肥已经成为巢湖流域重要的农副产品生产和加工基地。

合肥市自 20 世纪末开始，城市水体出现不同程度的水质恶化，富营养化问题日益凸显。追根溯源，受纳水体周边人类活动高强度的磷排放是导致城市水体磷超标的主要原因。自水体富营养化现象发生以来，合肥市逐步加大水环境污染整治力度，大力实施污染物减排工程，加快建设污水处理厂、实施提标改造、调整产业结构等措施多管齐下，有效促进了水环境改善。合肥富营养化控制虽然在局部水污染防治上取得一定成效，但并没有从根本上遏制持续恶化的水体富营养化趋势。本书将物质流分析方法引入合肥市磷代谢分析中，量化分析该市经济社会系统的磷代谢过程，通过计算城市磷代谢系统对水环境中磷元素的贡献度，为城市水环境富营养化控制提供决策依据。

6.2.2　研究方法

1. 问卷调查

问卷调查是以问卷为工具来收集资料或数据的调查方法，它是数据获取的主要手段之一。通过问卷调查可以全面掌握城镇与农村居民家庭的磷产品消费情况及畜禽养殖、农业种植情况，获取居民消费、农业种植和畜禽养殖方面的基本数据，详见表 6-1。

表 6-1　"合肥市磷代谢分析"调查内容

问卷调查对象	调查目的与内容
城镇居民	居民生活磷产品消费情况，废水和垃圾排放情况（与河道结合起来考虑废物处置去向，突出空间概念）
农村居民	农业种植情况（种植结构、模式、灌溉方式、施肥方式、排水模式等）； 畜禽养殖情况（量、结构、饲料结构、排放途径等）； 居民生活磷产品消费情况，污水收集情况

2. 数据处理法

本章数据主要来自调研数据、文献、统计资料及其他已有研究成果，参数主要分为三类：变量、系数、含磷率。第一类参数主要通过本地统计资料获取，如统计年鉴等；第二类参数主要通过调研数据得到；第三类参数则通过文献查阅获取。利用 Epidata 数据处理软件对农村居民问卷和城镇居民问卷进行录入与导出处理；数据进一步导入 MS Excel 软件进行统计分析；最终借助于 Visio 画图工具实现磷元素流动的量化表征和结果展示。

3. 物质流分析法

物质流分析（SFA）法是指在一定时空范围内关于特定系统的物质流动和储存的系统性分析或评价。基于元素的 SFA 法，通常选择对经济社会发展和资源环境产生重大影响的金属元素（如铜、铅、镉等）、非金属元素（如氯、氧、碳等）及营养元素（如氮、磷等）作为研究对象，研究它们从自然界进入经济社会领域的开采、生产加工、消费、废弃处置、再生利用的全生命周期过程中的分配与储存，以及最终进入环境的数量和途径，从而找出系统中物质流动与环境问题之间的关联，追踪产生环境问题的来源及原因并提出实施方案。SFA 法以物质守恒原理为分析准则，采用物料衡算为基本分析方法，即输入量＝输出量＋净累计量，其中净累计量＝沉积量（accumulation）–释放量（release）。

SFA 分析思路可以划分为自上而下（up-down）和自下而上（bottom-up）两类。第一类研究从特定的资源、环境问题出发，通过分析相应的金属/非金属元素、原材料或产品的社会代谢模式、结构与通量，讨论资源节约、生态恢复、污染控制的实施方案和长期战略，例如，自上而下的磷流分析研究思路：首先描绘出研究系统的主要输入、输出过程，它是磷流分析的基本单元，然后将系统主要过程拆分成若干次要过程，并分析各过程之间的物质流，最后将结果进行汇总，再回到系统层次上。因此，自上而下的磷流分析是一个从"总体"到"分支"再到"总体"的分析过程。第二类研究则以考察企业、部门、地区、国家的物质生产效率为初始目标，通过核算原材料与物质的投入量、产出量来衡量可持续发展的程度与水平，确定提高生态效率的优先次序，分析物质减量化和生态化转型的可能途径，并提供针对经济系统中物质运行规律的监测工具，以自下而上的磷空间分布分析思路为例，首先基于数据获取方式及统计数据特点将区域划分成若干研究区域，每一个研究区域被视作独立的核算子系统，分别核算各子系统内主要磷流过程，然后汇总各研究区域磷流分析结果，形成磷空间分布图。因此，自下而上的磷流分析是一个从"分支"到"总体"的分析过程。

物质在经济系统中所有的路径，应包括从矿石开采起，经过生产、加工制造到消费使用，再到最后的废物处理和再生利用；而物质在环境系统中的迁移路径一般不在分析范畴内，但物质从经济系统向环境系统的排放是很多 SFA 研究的重点所在。

在荷兰莱顿大学 Ester van der Voet 和 Udo de Haes 于 20 世纪 90 年代提出的技术框架基础上，南京大学的张玲等将 SFA 的研究框架[52]概括如下：

（1）目标和系统界定。明确所要解决的问题，然后根据问题确定研究目标。

（2）SFA 分析框架确定。对步骤（1）所界定的系统进行细化，识别需要分析的过程单元和流股。如图 6-2 所示，物质流一般包括：基于产品或者原料供应关系的正向流，废弃产品流，基于废物循环利用的逆向流，最终废物的处理流，过程损耗而产生的向环境排放的流，贸易进出口流。库存包括在经济系统中的库存和在环境系统中的库存两大类。前者包括尚未使用的工业中的产品和原材料，社会使用中的产品，社会不再使用但仍未废弃的产品；后者包括岩石圈中的资源和填埋废物。

（3）数据获取与计算，包括核算方法建立、参数获取确定等。

（4）SFA 结果的解释。依据 SFA 的结果，描述系统内物质流动的迁移和转化途径，从流向、规模和强度等多个层次识别和评价物质流动的合理性及其环境影响，提出相应的解决方案。

6.2.3　城市物质代谢分析框架

自然界中的磷循环是指磷的生物地球化学循环过程，即磷元素在生物圈、水圈、大气圈、岩石土壤各储库之间发生的机械迁移及物理、化学和生物转化。自然循环从磷矿石的风化开始，经历过程主要包括陆地（植物—土壤—植物）—淡水系统—海洋，最终到达海洋的磷，经过复杂物化过程沉积在深海并生成新的磷矿，从而构成完整的磷循环，通常这一过程历经百万年时间。

资源开采、产品加工制造、产品使用、废弃物处置、循环再生等一系列由人类活动导致的物质流动，即物质的社会代谢活动极大地扰动了自然循环系统的结构与通量，导致了严重的生态后果。磷在社会经济系统中所有代谢路径，应包括从矿石开采起，经过生产、加工制造到消费使用，再到最后的废物处理和再生利用。正是人类在谋求自身发展过程中，从农业革命到工业革命、从人口增长到城市化，不断消耗自然界尚能提供的磷资源，以磷产品加工、农业种植、畜禽养殖、人体代谢、金属加工、废物处置等形式构成一个高强度磷的社会代谢体系，极大加速并严重干扰了磷的自然循环过程。

基于磷元素的环境属性特征，磷的社会经济活动对于磷在陆地—海洋之间的地质分布影响不大，但显著地改变了土壤圈和地表水环境系统中磷的总量及其交换通量，其具体表现为化肥施用导致的土壤养分失衡、城市与农村地区之间的养分断裂及地表水体中磷营养物严重过剩。土壤中的磷主要集中在表层，以横向迁移运动为主，纵向迁移速率十分缓慢，通常不会导致地下水污染问题；土壤表层中的磷主要通过水土侵蚀、农田径流进入地表水体，严重影响了地表水环境。磷在城市经济社会系统中的代谢过程构成城市磷代谢分析的基本框架。磷在环境系统中的迁移路径一般不在分析范畴内，但它从经济系统向环境系统的排放是本章研究的重点所在。

运用物质流分析技术，进行城市经济社会系统磷代谢分析，首先，应根据磷资源利用的经济属性和环境属性及研究目的，定义物质代谢系统边界，该边界除了表示研究的时空界限，还囊括了主要社会代谢子系统；其次，在构建磷代谢分析框架的基础上，确定原材料与产品进出口、产品流向与分配、物质积累与储存、废物循环利用与处置等关键物质流的相互关系，综合运用统计数据并结合实际调研情况进行磷流核算。最后，识别和评价磷代谢系统内部及子系统之间的物质流向、规模和强度，对代谢系统结构（物质投入产出比等）、代谢效率等多个层次上的合理性及其影响进行综合分析与比较，进而提出城市磷代谢优化调控的解决方案。

城市磷代谢分析的目的在于，量化当年或不同年份水平上主要城市与磷相关的社会经济活动对水体的磷贡献度，为城市水环境富营养化控制提供决策依据。磷代谢模型通过定量描述磷元素在社会经济系统流动的整个过程，分析磷素在系统中流动的各个环节的通量，以及由此产生的影响地表水体质量的关键机制与途径，从而提高整个系统生态环境效率。

在对城市磷相关社会经济活动实地调查的基础上，结合研究目的并参考相关研究成果，确定城市磷代谢系统的 4 个主要过程，即"磷矿开采""磷产品加工""磷产品消费""含磷废物处置"，进而确定城市磷代谢分析框架。

本章研究不考虑自然条件下的磷流失，如土壤侵蚀等过程造成的磷损失；同时，由于大气中磷含量相对较少，并且由于气态化合物 PH$_3$ 在潮湿空气中不稳定，因而磷经由大气圈与土壤、水体的循环通量几乎可以忽略不计，即磷的大气沉降、地表挥发过程不显著。因此，本模型也不考虑大气沉降对耕地土壤的影响。本章所考虑的进入系统的磷元素是社会经济活动所产生的磷流，磷元素经过社会代谢循环后最终的归宿是地表水体和土壤，本章将进入土壤中的磷流并入库存量。

磷代谢分析框架（图 6-2）中的四个主要阶段从左至右依次表明了磷元素从岩石圈进入人类社会生产、消费到最终废弃排入环境中的全过程。

第一，磷矿资源通过磷矿开采过程从自然界岩石圈进入社会经济系统，采掘和矿石粗选过程中产生数量巨大的含磷尾矿和废渣等固体废弃物。同时，矿石加工业对原矿石进行进一步选矿和洗矿等物理加工及化学冶炼。

第二，磷产品加工业利用磷矿石原料制取化肥、农药、饲料和洗涤用品等化工产品。同时，排放含磷工业废水和以磷石膏为主的化工废渣，除少量磷得以回收利用或者处理处置外，大部分以工业污泥、固体废物等形式排放到环境中。

第三，磷化肥作为最主要的磷化工产品在农业种植中广泛使用，同时种植过程废弃的作物秸秆与人畜粪便一起以有机肥的形式还田进行养分补给，而进入作物中的磷，则通过农产品消费或其废弃物利用与畜禽养殖业和居民生活消费产生关联，未被利用的养分累积在土壤中，易随农田径流进入水体，并直接影响地表水质。

第四，畜禽养殖部门通过饲料和粪便与作物磷的再分配和有机磷的再利用密切相关，由于家庭养殖与规模养殖部门具有完全不同的磷代谢特征，家庭养殖和规模养殖在养殖数量、种类、饲料结构、粪污处理方面不同。与家庭养殖部门相比，规模养殖部门在局部地区以较高强度消耗含磷养分、排出畜禽粪污，因而用家庭养殖和规模养殖过程区分表示。生产出来的畜禽产品经进一步屠宰、加工、清洗（或包装）进入消费者家庭。

第五，来源于农业种植的植物性食物和来源于畜禽养殖的动物性食物将磷素输入人类家庭，食物在家庭进行加工和食用后，除了一部分被人体吸收，其他则在加工、食用过程中损失，损失途径为厨余垃圾、加工损失和剩饭菜。厨余垃圾中的磷素进入垃圾；剩饭菜中的磷素一部分进入垃圾，一部分作为饲料饲养畜禽；食品在加工损失中的磷素进入大气或者由于温度引起磷素化学性质的复杂变化而不能被人体吸收利用。进入人体的磷素去向主要包括：被人体吸收、人粪尿排放和其他损失。在居民消费中，由于农村和城镇的消费结构与饮食习惯不同，市政固废与废水的处理方式也不同，因而用农村消费和城镇消费过程分别对城市和农村居民排泄物、生活污水、生活垃圾中磷的处理和循环利用进行物质平衡。

第六，工业部门利用工业洗涤剂进行金属表面磷化处理，处理后产生大量的含磷废渣和废水，需由专门的污水处理厂和固废处理厂接管。

第七，工业生产含磷废物及城镇生活废物进入废物处置过程进行集中处理与处置。工业污水和生活污水处理主要将污水集中收集入污水处理系统进行净化除磷，污水处理后磷素进入污泥和留在水体。固体废物与生活垃圾的去向为用作饲料、处理或堆置，其中，饲料主要是利用生活垃圾中的厨余物和剩饭菜部分，处理方式包括填埋、堆肥和焚烧。

上述过程涵盖了磷元素在社会经济系统中的主要代谢过程，且是相互关联、相互作用的一个有机整体，对城市水体富营养化形成协同影响。

1. 磷资源开采代谢分析

地壳中磷元素丰度为0.1%，位居所有元素中第十位。自然界中已知的含磷矿物大约有200多种，而且分布十分广泛，其中，磷的存在形态几乎全部是五价态PO_4^{3-}，气体状态的单质磷仅存于特定实验室条件下。磷矿作为经济上能被利用的一种重要的化工矿物原料，可以用它来制取磷肥，也可以制造黄磷、磷酸、磷化物及其他磷酸盐类，在医药、食品、火柴、染料、制糖、陶瓷、国防等工业部门得到广泛应用。矿物磷从自然界被源源不断地开采出来后，其中，85%～90%用于制取无机磷化肥支撑现代农业生产，3.3%用于生产饲料添加剂，4%用于生产洗涤剂，其余作为活性剂、添加剂或阻燃剂等用于生产金属制品、皮革、染料、玻璃、瓷器、药品等一系列工业产品，以满足人类农业生产和城乡居民生活消费需求。

磷矿资源通过磷矿开采过程从自然界岩石圈进入人类经济社会系统，在采掘和矿石粗选过程中产生数量巨大的含磷尾矿和废渣等固体废弃物；矿石加工业对原矿石进行进一步选矿和洗矿等物理加工及化学冶炼，输出磷精矿至磷化工生产部门，选矿和洗矿过程是排放含磷废水的主要环节。磷矿开采过程磷代谢分析模型如图6-3所示。

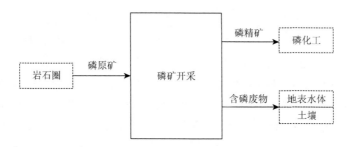

图 6-3　磷矿开采过程磷代谢分析模型

2. 磷产品加工过程代谢分析

磷产品加工过程磷代谢分析模型如图 6-4 所示。磷矿开采得到磷精矿，在不同加工处理工艺下，输出含磷产品以供给农业生产和居民生活消费。磷产品加工业利用磷精矿原料及农业种植过程提供的农产品制取农药、化肥、饲料和洗涤剂等化工产品，同时，排放含磷工业废水和以磷石膏为主的化工废渣，除少量磷得以回收利用或者处理处置外，大部分以工业污泥、固体废物等形式排放到环境中。

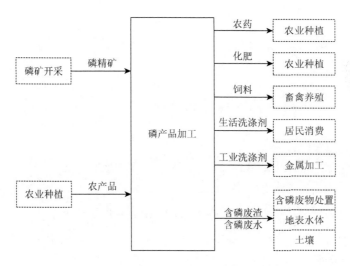

图 6-4　磷产品加工过程磷代谢分析模型

3. 磷产品消费过程

磷产品消费主要包括农业种植、畜禽养殖、居民消费、金属加工四大部分。
1）农业种植
植物的正常生长离不开磷，磷在植物体内是一种较易移动的元素。单个的磷原子在植物的一生中可被周转数次。在植物细胞中含磷化合物的分布差异很明显，约有 90%的无机磷存在于液泡中，液泡是磷的储存库；10%的无机磷和腺苷三磷酸（ATP）、6-磷酸葡萄糖（G-6-P）等有机磷存在于细胞质中，细胞质是磷的代谢库。磷还有其他的储存形式。土壤溶液中磷的浓度很低，一般只有 0.05mg/kg，通过扩散作用向植物根系表面移动，主要以无机态正磷酸根离子的形式被主动吸收。磷酸分子可以生成 $H_2PO_4^-$、HPO_4^{2-} 和 PO_4^{3-} 三种形态的离子，其中，$H_2PO_4^-$ 最容易被作物吸收，HPO_4^{2-} 次之。一般情况下，当 pH 较低时，根吸收 $H_2PO_4^-$ 较多；而 HPO_4^{2-} 则是在 pH 较高时的主要吸收形态。另外，植物也能吸收有机态的含磷化合物，如蔗糖磷酸酯、卵磷脂和植素等。一般认为，磷进入细胞是以质膜 ATP 酶建立的质子驱动力为动力，借助于质子化的磷酸载体而实现。

农业种植过程的物质输入包括化肥、农药、种子、秸秆与粪便还田。磷化肥作为最主要的磷化工业产品在农业种植中广泛使用，进入作物中的磷则通过原料利用、农产品消费、废弃物利用与磷产品加工、畜禽养殖及居民消费产生关联，部分秸秆以饲料形式进入畜禽养殖部门，未被利用的养分累积在土壤中，易随农田面源地表径流进入水体，直接影响地表水体水质。农业种植过程磷代谢分析模型如图 6-5 所示。

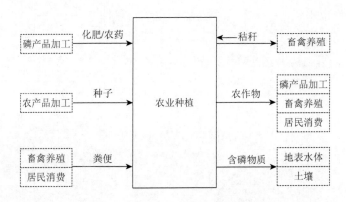

图 6-5　农业种植过程磷代谢分析模型

2）畜禽养殖

磷是畜禽体内含量较多的元素之一，占体重的 1%左右。它是细胞膜和核酸的组成成分，也是骨骼的必需构成物质，大约有 85%～90%的磷以羟磷灰石的形式存在于动物骨骼和牙齿中。畜禽饲料中的磷主要来源于植物、动物性饲料及无机磷，其中，植物中的磷主要以植酸磷和非植酸磷存在。植酸磷（肌醇六磷酸）是植物中磷的主要储存形式（60%～80%），而单胃动物的胃肠道内缺少能够降解植酸磷的酶，故植物来源的磷大部分不能被利用，只能随粪便排出体外。另外，单胃动物对植物来源的磷消化率也极低，需要人为添加更多的磷，以满足其达到最佳生长状态时对磷的需要，但是这些添加的磷也并不能完全被吸收利用，造成粪便和尿液排出体外的磷增多，当这些粪便和尿液被排入河流，过量的磷就有可能导致水体富营养化。一般而言，反刍动物磷吸收率平均为 55%，非反刍动物在 50%～85%，而植酸磷消化吸收率一般在 30%～40%。动物采食的各种饲料（或饮水）进入消化道后，其所含的磷源（外源部分）与各种消化液（唾液、肠液、胆汁、胰液）、消化道脱落细胞中的磷源和消化道壁细胞所分泌进入消化道的磷（内源部分）共同组成消化道内的总磷源。其中一部分在肠道中与其他有机物发生相互作用，形成复合物，难以被动物吸收，它们与饲料中未能分解吸收的磷一起随粪便排出体外。

畜禽养殖过程输入主要包括秸秆、饲料及厨余垃圾（以剩饭剩菜为主），物质输出主要包括畜禽产品（畜禽活体、蛋、奶）及养殖粪污。畜禽粪便作为一种可被利用的有机肥，通常采取还田的形式实现畜禽粪便的消纳利用，除此之外，仍有一部分畜禽粪便直接排入河道水体，影响地表水质。畜禽养殖过程磷代谢分析模型如图 6-6 所示。

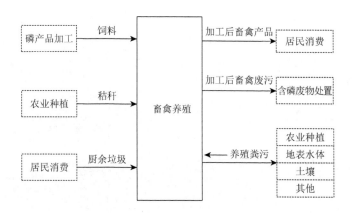

图 6-6　畜禽养殖过程磷代谢分析模型

在畜禽养殖业中，家庭养殖和规模养殖在养殖数量、种类、饲料结构、粪污处理方面不同，因而用家庭养殖和规模养殖系统以示区分。工业化的规模养殖部门在饲料结构、废物循环利用和污染物排放等方面与家庭养殖有着显著的区别。区别于家庭养殖，规模养殖部门在局部地区以较高强度消耗植物磷和矿物磷养分、排出磷代谢废物，废物除部分还田、用于畜禽养殖外，大部分直接排入水体，极易造成周边地表水体磷负荷过高。

生产出来的畜禽产品需经再加工才能被消费者食用。农畜产品在工厂加工部门经进一步屠宰、加工、清洗、包装进入消费者家庭；家庭厨房对农畜产品进行屠宰、清洗、加工、烹饪进入居民消费过程。

3）居民消费

磷主要以无机盐形式存在于人体内。健康成年人人体磷总量为 400～900g，其中，约 85%的磷以羟磷石灰[$Ca_{10}(PO_4)_6(OH)_2$]的形式存在于骨骼和牙齿中。食物中的磷主要以无机磷酸盐和有机磷酸酯两种形式存在，人体肠道主要吸收无机磷，有机含磷物则在消化液中磷脂酶的作用下，水解为无机磷酸盐后才被吸收。磷的吸收形式为酸性磷酸盐（$H_2PO_4^-$），成人每天由饮食摄入的磷 1～1.5g，其中约 60%可由肠道（以十二指肠和空肠为主）通过协同转运系统而吸收进入血液。磷通过肠道和肾脏排泄，以肾脏排泄为主。人体通过肾脏排出的磷占总排出量的 70%，正常成人每天经肾小球滤过的磷可达 5g，大约有 85%～95%以上被近曲小管重吸收；人体经肠道随粪便排出的磷约占 30%，其主要形式为磷酸钙。

居民消费的主要含磷用品包括农作物（蔬菜瓜果和粮食作物）、畜禽产品、洗涤用品，系统物质输出主要包括人体粪便、生活污水、生活垃圾。居民消费过程磷代谢分析模型如图 6-7 所示。

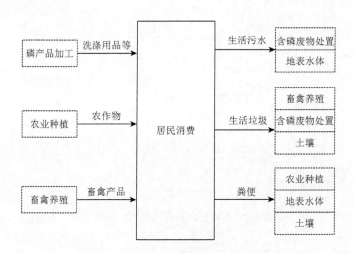

图 6-7　居民消费过程磷代谢分析模型

居民生活消费中，农村和城镇的消费结构与饮食习惯不同，市政固废与废水的处理方式也不同，因而用农村消费和城镇消费系统以示区分。由于绝大部分农村无污水处理设施进行生活污水集中处理，生活污水直接进入周边地表水体；农村人体粪便大部分进入农业种植系统得到循环利用，小部分直接排入地表水体；生活垃圾中剩饭剩菜用于家庭畜禽养殖的食料投入或排入地表水体。城镇除了纳入污水处理的部分，未接管的生活污水（含粪便）直接排入地表水体，城镇生活垃圾进入废物处置过程和地表水体。

4）金属加工

一些金属加工过程需进行磷化前处理，磷化是将工件浸入磷化液（酸式磷酸盐为主的溶液），在其表面沉积形成一层不溶于水的结晶型磷酸盐转换膜的过程，主要目的是给基体金属提供保护，在一定程度上防止金属被腐蚀；用于涂漆前打底，提高漆膜层的附着力与防腐蚀能力；在金属冷加工工艺中起到减摩润滑作用。磷化基本工艺流程为：预脱脂—脱脂—除锈—水洗—表面调整—磷化—水洗—磷化后处理（如电泳或粉末涂装）。目前，磷化工艺主要应用于钢铁表面磷化，有色金属（如铝、锌件）件也可应用磷化。

金属加工过程磷代谢分析模型如图 6-8 所示，磷产品加工部门生产出的工业洗涤剂进入金属加工部门，利用工业洗涤剂进行金属表面磷化处理，在金属表面形成磷化膜，并生成大量磷渣，所有含磷废渣和废水需要由专门的污水处理厂和固废处理厂接管。

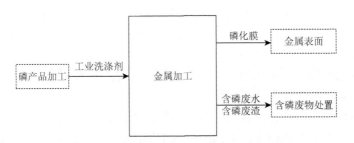

图 6-8　金属加工过程磷代谢分析模型

4. 含磷废物处置过程磷代谢分析

在整个社会代谢过程中，大量富含磷物质以废物的形式返还到自然界或者排放进入废物处置代谢过程。本章中所指含磷废物，即磷全生命周期代谢过程中无法利用而被丢弃的污染环境的含磷废弃物质，根据含磷废物的来源大体可将其分为两类：一类是生产过程中所产生的废物，如磷矿开采与磷产品加工阶段所产生的工业废物（主要为选矿废物、磷石膏、有机磷农药产生的"三废"），养殖过程所产生的农业废物（主要为畜禽养殖粪便）；另一类是在磷产品进入市场后在流动过程中或使用消费后产生的生活废物（生活污水与生活垃圾）。含磷废物处置过程加速了含磷废物在经济社会系统中的养分流动，相当于在污染的末端安装昂贵的过滤装置，以减轻对环境特别是地表水体的污染，没有顾及养分的充分循环。

含磷废物处置过程磷代谢分析模型如图 6-9 所示。废物处置系统输入的废物主要包括固体垃圾和生活/工业污水，固体垃圾的处置包括卫生填埋、焚烧和堆肥，经过生化处理后的生活污水排入地表水体，从废物的最终归宿来看，进入废物处置过程的含磷物质最终汇入地表水体或者非耕地土壤。

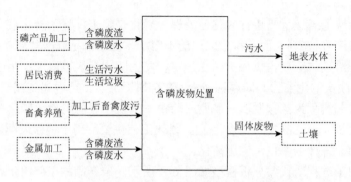

图 6-9　含磷废物处置过程磷代谢分析模型

5. 主要磷流核算方法

磷代谢分析的核心在于定量刻画代谢过程的输入、输出和库存量，其核算的基本原理是各个过程的物质输入输出平衡。本章依据各过程磷素流动年际特点，将各过程核算方法分为以下三类。

（1）定值方程用于描述独立于其他变量且具有固定值的物质流过程，其数值可以通过统计资料和调研数据得到；

（2）从属方程用于计算依赖于其他物质流过程的物质流；

（3）对于实际发生但无法准确定量的物质流过程，通过各环节输入输出平衡方程计算得到各物质流累计值。

6. 磷矿开采过程

磷矿开采是磷元素经由自然生态系统进入经济社会系统循环的主要途径；开采出来的磷原矿经过选矿、洗矿等物理加工及化学冶炼过程，形成磷精矿进入磷产品加工部门供生产利用。采矿和选矿过程中产生数量巨大的含磷尾矿和尾矿废水，一部分返还到系统中得以循环利用，其他难以再利用的尾矿返回到本地岩矿层。

我国磷矿资源中低品位矿多、富矿少的特点决定了磷矿开采会产生大量的尾矿损失，一般需对其进行集中废物处置，其计算公式可表达为

$$P_{\text{extraction}}^{\text{tailings}} = Q_{\text{ore}} \cdot \gamma_{\text{ore}} \cdot \beta_{\text{extraction}}^{\text{tailings}} \tag{6-4}$$

式中，$P_{\text{extraction}}^{\text{tailings}}$ 为磷矿开采过程尾矿损失含磷量；

Q_{ore} 为含磷原矿石开采量；

γ_{ore} 为平均磷矿石品位；

$\beta_{\text{extraction}}^{\text{tailings}}$ 为采矿过程尾矿平均损失率。

绝大部分含磷原矿石由于含磷低、含杂质高，目前从经济与技术角度考虑是难以直接进行磷化工生产利用的。选矿富集的目的是最大限度地把有用的矿物与脉石分开，从而获得符合相应品级的商品磷精矿，选矿过程尾矿废水损失可表达为

$$P_{\text{dressing}}^{\text{wastewater}} = Q_{\text{ore}} \cdot \gamma_{\text{ore}} \cdot \beta_{\text{dressing}}^{\text{wastewater}} \tag{6-5}$$

式中，$P_{\text{dressing}}^{\text{wastewater}}$ 为磷矿选矿过程尾矿废水损失含磷量；

$\beta_{\text{dressing}}^{\text{wastewater}}$ 为选矿过程尾矿废水平均损失率。

7. 磷产品加工过程

磷产品加工部门对含磷原料进行物理加工与化学冶炼，输出的主要含磷产品包括化肥、饲料、农药及洗涤用品四类。化肥与农药主要用于农业生产，饲料用于畜禽生产，洗涤用品主要供给城乡居民消费和金属表面磷化处理。按照"自下而上"的计算方法，该过程含磷物质投入等于产品中磷含量与污染排放含磷量之和。产生的含磷工业废水和以磷石膏为主的化工废渣，除少量得以回收利用外，大部分以固体废物的形式排放到环境中。

磷产品产量可以表达为

$$P_{\text{fabrication}}^{\text{product}} = Q_{\text{fab-product}} \cdot \gamma_{\text{fab-product}} \tag{6-6}$$

式中，$P_{\text{fabrication}}^{\text{product}}$ 为磷产品加工过程磷产品含磷量；

$Q_{\text{fab-product}}$ 为产品产量；

$\gamma_{\text{fab-product}}$ 为产品含磷率。

磷产品加工过程污染排放含磷量可以表达为

$$P_{\text{fabrication}}^{\text{waste}} = P_{\text{fabrication}}^{\text{product}} \cdot \beta_{\text{fab-waste}} \tag{6-7}$$

式中，$P_{\text{fabrication}}^{\text{waste}}$ 为磷产品加工过程污染排放含磷量；

$\beta_{\text{fab-waste}}$ 为污染排放系数。

8. 农业种植过程

农业种植是磷产品主要消费途径，含磷化肥在农业生产中广泛施用，进入作物中的磷则通过农产品消费、废弃物利用与畜禽养殖、城乡居民消费产生关联。未被利用的养分累积在土壤中（当年磷养分进入耕地土壤中的存量不等于耕地土壤中的实际磷存量，仅指当年耕地土壤中磷存量的变化值）；同时，一部分养分易随农田径流进入水体，直接影响地表水质。

农业种植过程输入形式是肥料（如化肥、农家肥等）、农药（如杀虫剂、除草剂）和种子等，各物质输入量可表达为

$$P_{\text{agriculture}}^{\text{raw-material}} = Q_{\text{raw-material}} \cdot \gamma_{\text{raw-material}} \tag{6-8}$$

式中，$P_{\text{agriculture}}^{\text{raw-material}}$ 为农业种植过程物质输入含磷总量；

　　　　$Q_{\text{raw-material}}$ 为物质输入总量；

　　　　$\gamma_{\text{raw-material}}$ 为物质含磷系数。

实际计算过程中，含磷化肥主要包括复合肥和磷肥；含磷农药主要包括杀虫剂和除草剂两大类；农家肥包括秸秆还田、畜禽粪便和人体粪便三类，还田秸秆量一般用秸秆产生量与秸秆还田率的乘积表示，畜禽粪便又可细分为规模养殖和家庭养殖两类，人体粪便则可细分为农村和城镇。之所以这样划分，主要是考虑到其含磷率不同。

农业种植过程的净积累磷主要是由堆存秸秆、土壤沉积量和农田排水未进入河道量构成。堆存秸秆量一般用秸秆产生量与秸秆堆存率的乘积表示，土壤沉积量可以用农业种植过程土壤中的磷沉积率来表示：

$$P_{\text{agriculture}}^{\text{soil}} = P_{\text{agriculture}}^{\text{raw-material}} \cdot \beta_{\text{soil}} \tag{6-9}$$

式中，$P_{\text{agriculture}}^{\text{soil}}$ 为农业种植过程土壤积累磷量；

　　　　$P_{\text{agriculture}}^{\text{raw-material}}$ 为农业种植过程物质输入含磷总量；

　　　　β_{soil} 为土壤沉积率。

农业种植过程的净输出磷主要分为三类，即作物输出磷、作物秸秆输出磷和农田排水输出磷。前两种的核算方法与式（6-8）类似，即用输出总量与其含磷率的乘积表示；农田排水输出磷可以根据农业种植过程中含磷物质输入输出平衡来计算。

9. 畜禽养殖过程

在畜禽养殖过程中，考虑到家庭养殖和规模养殖在养殖数量、种类、食料结构、粪污处理等方面的差异，本章研究将畜禽养殖分为家庭养殖和规模养殖两种养殖方式进行核算。

工业化的规模养殖部门在饲料结构、废物循环利用和污染物排放等方面与家庭散养有着显著的区别，在局部地区以较高强度消耗植物磷和矿物磷养分、排出磷代谢废物，废物除部分还田、用于畜禽养殖外，大部分直接排入水体，极易造成周边地表水体磷负荷过高。

规模养殖过程饲料投入核算可以用畜禽饲养数量、每头畜禽饲料消耗量和饲料含磷率的乘积来表示，即

$$P_{\text{scale-breeding}}^{\text{fodder}} = Q_{\text{scale-livestock}} \cdot \theta_{\text{scale-livestock}} \cdot \gamma_{\text{scale-fodder}} \tag{6-10}$$

式中，$P_{\text{scale-breeding}}^{\text{fodder}}$ 为规模养殖过程饲料输入磷含量；

　　　　$Q_{\text{scale-livestock}}$ 为规模养殖畜禽数量；

　　　　$\theta_{\text{scale-livestock}}$ 为每头畜禽饲料消耗量；

$\gamma_{\text{scale-fodder}}$ 为畜禽饲料含磷率。

规模养殖过程的磷输出主要表现为畜禽产品、畜禽粪便和养殖废物（根据对规模养殖部门调研可知，其养殖废物主要指饲料投入损失及病死畜禽残体），其中，养殖废物的核算方法主要按照规模养殖过程平衡量计算，其去向按照城镇和农村居民消费畜禽产品比例分别进入城镇和农村居民消费生活垃圾中，各畜禽产品产量可表达为

$$P_{\text{scale-breeding}}^{\text{product}} = Q_{\text{scale-product}} \cdot \gamma_{\text{scale-product}} \tag{6-11}$$

式中，$P_{\text{scale-breeding}}^{\text{product}}$ 为规模养殖过程畜禽产品输出磷总量；

$Q_{\text{scale-product}}$ 为规模养殖过程畜禽产品产量；

$\gamma_{\text{scale-product}}$ 为规模养殖过程畜禽产品含磷率。

规模养殖过程畜禽粪便磷输出类似于式（6-11），即以畜禽产品产量（头数）、每头畜禽粪便产生量、畜禽粪便含磷率三者乘积表示。依据调研可知，规模养殖部门畜禽粪便去向有四种，即还田、养殖、存量和排入河道。因此，在实际核算过程中，分别按照还田率、用于养殖比率、库存率和排入河道比率对粪便输出总量进行细分。规模养殖过程中磷存量表现为存栏畜禽和粪便堆存，分别用各类畜禽产量减去其输出量后乘上其含磷率和各类粪便存量与其含磷率的乘积表示。

家庭养殖过程食料投入核算与式（6-10）相同，即用畜禽饲养数量、每头畜禽饲料消耗量和饲料含磷率的乘积来表示。家庭养殖过程的磷输出主要表现为畜禽产品、畜禽粪便和养殖废物。其中，前两种的核算方法与规模养殖过程该类磷流的计算公式相同。在实际核算中，对于农村家庭养殖粪便输出分别按照其还田比率、排入河道比率对粪便输出总量进行细分。养殖废物产生量的核算方法主要根据家庭养殖过程输入输出平衡计算，其去向主要依据城镇和农村居民消费畜禽产品比例进入城乡居民生活垃圾中。家庭养殖过程中磷存量表现为粪便堆存，用各类粪便存量与其含磷率的乘积表示。

畜禽产品在工厂加工部门经进一步屠宰、加工、清洗、包装进入消费者家庭，其输出包括农畜产品和加工废物两大类，考虑到现实中多用产出率指标表征行业生产水平，因此，该过程的畜禽产品磷输出用畜禽输入总量与其产品产出率的乘积表示，而废物中磷含量则通过该过程的输入输出平衡来核算。同时，畜禽产品在家庭再加工包括屠宰、加工、清洗和烹饪等环节的废污在居民消费过程进行核算。

10. 居民消费过程

居民消费过程是人类对食物及含磷生活用品的消耗过程，居民消费的主要含磷食物包括粮食作物、蔬菜瓜果、肉、蛋和牛奶，主要的含磷生活用品包括生活

用煤和洗涤用品，其过程磷输出主要体现为生活污水、生活垃圾及人体粪便排放。在居民消费过程中，考虑到农村和城镇的饮食习惯、消费结构水平、生活废物处理方式等方面的差异，本章研究将居民消费分为城镇和农村两种消费方式进行核算。

城镇消费过程物质投入核算可以用城镇人口数、各类物质的人均消费量、各类物质含磷率三者乘积来表示各类物质的含磷物质输入总量，即

$$P_{urban}^{input} = Q_{urban} \cdot \theta_{urban} \cdot \gamma_{urban} \qquad (6-12)$$

式中，P_{urban}^{input} 为城镇消费过程物质含磷物质输入总量；

Q_{urban} 为城镇人口数；

θ_{urban} 为物质人均消费量；

γ_{urban} 为物质含磷率。

城镇消费过程的磷输出表现为生活污水、生活垃圾和人体粪便，与式（6-12）类似，废物磷输出总量可以用城镇人口数、人均废物产生量、废物含磷率三者乘积表示。依据调研可知，在建有污水处理厂的城镇区域，其生活污水与人体粪便一起进入城镇污水处理厂处理，其核算可以按照污水接管率计算出城镇污水进入废物处置过程的磷总量，而未接管的生活污水与人体粪便则直接进入地表水体；城镇生活垃圾全部进入垃圾填埋场处理。城镇消费过程输入输出平衡计算出来的数值全部计入城镇消费过程库存量。

农村消费过程物质投入核算类似于式（6-12），即农村人口数、各类物质的人均消费量、各类物质含磷率三者乘积来表示农村消费过程物质投入含磷总量。农村消费过程的磷输出表现为生活污水、生活垃圾和人体粪便：生活污水磷输出量核算按照农村消费过程平衡计算；生活垃圾与人体粪便排放量核算与城镇消费过程该类磷流的核算方法相同。根据对农村家庭实地调研显示，农村生活垃圾处置去向为：畜禽养殖、堆存和排入河道，因此实际核算中分别按照生活垃圾用于养殖比率、堆存比率和水体流失率对生活垃圾输出总量进行细分；农村人体粪便去向主要是还田和流失入河道，分别按照还田率和水体流失率对粪便输出总量进行细分。农村消费过程磷存量表现为生活垃圾堆存，可以用生活垃圾产生的磷总量乘上其堆存率表示。

11. 金属加工过程

金属加工部门对金属进行磷化前处理，输入的工业洗涤剂为磷化液，含磷物质输入量可以表达为

$$P_{metal}^{detergent} = S_{metal} \cdot Q_{detergent} \cdot \gamma_{detergent} \qquad (6-13)$$

式中，$P_{metal}^{detergent}$ 为金属加工过程含磷物质输入量；

S_{metal} 为金属面积；

$Q_{\text{detergent}}$ 为单位金属面积磷化液用量;

$\gamma_{\text{detergent}}$ 为磷化液含磷率。

金属加工过程污染排放可以表达为式（6-14），产生的含磷废水和废渣，需要由专门的污水处理厂和固废处理厂接管。

$$P_{\text{metal}}^{\text{waste}} = S_{\text{metal}} \cdot \beta_{\text{metal-waste}} \qquad (6\text{-}14)$$

式中，$P_{\text{metal}}^{\text{waste}}$ 为金属加工过程污染排放含磷量;

$\beta_{\text{metal-waste}}$ 为污染排放系数。

12. 含磷废物处置过程

废物处置主要包括固体废物处置过程和污水处理过程。一般固体废物的处理方法主要有资源回收利用和无害化处置，生活污水经过生化处理后直接排入河道水体，从废物的最终归宿来看，流经废物处置过程的含磷物质最终全部汇入地表水体及非耕地土壤。

废物处置过程的含磷物质输入主要是生活污水、生活垃圾和工业含磷废物，一般而言，固体垃圾经过填埋或焚烧后一部分磷成为存量，一部分垃圾渗滤液经收集处理后排入地表水环境，而废水经过处理后一部分磷随处理后的出水排入环境，另外一部分磷进入污泥，成为存量。据此，垃圾中的含磷物质输入可以通过垃圾总量与其含磷率的乘积表示，垃圾渗滤液进入地表水体的含磷总量则用垃圾处理渗滤液产生量与处理后含磷量的乘积表示，通过垃圾处理过程输入输出平衡方法计算进入非耕地土壤堆存量；废水中的含磷物质输入输出则用废水总量与其磷浓度的乘积表示，而污泥中含磷量可通过废水处理过程的含磷物质输入输出平衡来计算。

6.2.4 数据来源与参数确定

磷代谢过程核算参数主要来源于《安徽统计年鉴 2009》《安徽农村经济统计年鉴 2009》《合肥统计年鉴 2009》等统计资料，主要参数是通过对大量文献资料及调研报告分析整理后得到，具体参数及参数来源见表 6-2～表 6-7。

表 6-2 参数取值及参数来源（1）

参数	条目		参数	条目	
	参数取值	参数来源		参数取值	参数来源
饲料产量	281660t	《合肥统计年鉴 2009》	复合肥施用量	5098t	《合肥统计年鉴 2009》
洗涤用品产量	262553t		磷肥施用量	5766t	
耕地面积	11303hm²		农药施用量	313t	

续表

参数	条目		参数	条目	
	参数取值	参数来源		参数取值	参数来源
农村人口数	319035	《合肥统计年鉴2009》	家庭养殖畜禽粪便还田比例	90.53%	合肥市农村家庭问卷调查统计数据
城市人口数	1715836		家庭养殖畜禽粪便流失比例	9.47%	
奶牛数量	1216		农村生活垃圾流失比例	2.96%	
农村人均蔬菜消费量	211.12斤	合肥市农村家庭问卷调查统计数据	农村人体粪便还田比例	90.53%	
农村人均瓜果消费量	96.38斤		农村人体粪便流失比例	9.47%	
农村人均蛋消费量	32.36斤		城市人均蔬菜消费量	212.34斤	合肥市城镇家庭问卷调查统计数据
农村人均奶消费数量	11255.5mL		城市人均水果消费量	216.02斤	
农村人均洗洁精消费数量	211.5g		城市人均蛋消费量	40.17斤	
农村人均煤消费量	28.39斤		城市人均奶消费量	45343.58mL	
农村人均垃圾产生量	217.23斤		城市人均煤消费量	12.98斤	
杀虫剂施用比例	88.81%		城市人均垃圾消费量	236.00斤	
除草剂施用比例	11.19%		城市污水处理量	20440万t	《中国环境报》http://www.cenews.com.cn/
排水进入各支流比例	45.15%		污水处理比例	70%	
秸秆还田比例	53.82%	合肥市农村家庭问卷调查统计数据	城市生活污水占总污水量比例	78.25%	
秸秆喂食比例	26.63%		污水进水含磷	0.0251t/万t污水	合肥污水处理厂调研数据
秸秆堆存比例	19.55%		污水处理厂除磷率	86.52%	

注: 1斤 = 0.5kg。

表6-3　参数取值及参数来源（2）

参数	作物种类										参数来源
	稻谷	小麦	油菜	花生	芝麻	棉花	玉米	豆类	甘薯	蔬菜瓜果	《合肥统计年鉴2009》；合肥市农村家庭问卷调查统计数据
作物施种量/kg	230657	144525	35266	75718	127	5231	3375	63675	20886	72839	
作物产量/t	85910	4552	16318	920	12	2479	1365	5094	973	227963	
农村人均作物自消费量/斤	494.08	3.18	61.24	14.40	2.73	10.55	7.40	0.22	8.66	8.15	

表 6-4　参数取值及参数来源（3）

参数	畜禽种类							参数来源
	鸡	鸭	鹅	猪	牛	羊	水产	
规模养殖畜禽数量	7543612	865134	1452918	120967	4458	4886	6260588	《合肥统计年鉴2009》
规模养殖畜禽出栏量	6285892	720894	1210678	77821	646	2308	6260588	
规模养殖畜禽存栏量	1257719	144241	242240	43146	3812	2578	—	
人均家庭养殖畜禽量	2.26	0.26	0.43	0.05	—	—	—	
规模养殖畜禽粪便还田比例/%	30	30	30	60	47.5	67	—	合肥市农村问卷调查和规模养殖企业调研统计数据
规模养殖畜禽粪便用作养殖比例/%	60	60	60	30			—	
规模养殖畜禽粪便流失比例/%	≤5	≤5	≤5	≤5	47.5	28	—	
规模养殖畜禽粪便就地堆存比例/%	≤5	≤5	≤5	≤5	≤5	≤5	—	

表 6-5　参数取值及参数来源（4）

参数	畜禽种类					参数来源
	家禽	猪	牛	羊	水产	
农村人均肉消费量	10.35	29.97	2.46	0.98	8.13	合肥市农村和城镇家庭问卷调查统计数据
城市人均肉消费量	17.70	40.59	6.69	2.56	16.32	

表 6-6　参数取值及参数来源（5）

参数	洗涤用品种类						参数来源
	洗衣皂	洗衣液	柔顺剂	洁厕液	洗手液	洗洁精	
城市人均洗涤用品消费量	21.27	108.15	79.23	155.98	165.96	455.47	合肥市城镇家庭问卷调查统计数据

表 6-7　参数取值及参数来源（6）

参数	参数取值	参数来源
饲料生产污染排放系数/(kg/t)	1.0000	国家环境保护局（1996）
洗涤用品生产污染排放系数/(kg/t)	0.1397	
磷肥生产污染排放系数/(mg/L)	0.80771	
复合肥含磷率/%	11.71	企业调研数据
磷肥含磷率/%	43.66	
饲料中磷化工原料比例/%	5	

续表

参数	参数取值	参数来源
饲料中农产品比例/%	95	
规模养殖每头畜禽饲料消耗量/(kg/a)	24.01, 34.46, 3.84, 314.57, 566.67, 93.00, 2.89 分别对应鸡、鸭、鹅、猪、牛、羊、水产	
规模养殖每只家禽产蛋量/(kg/a)	18.73, 18.73, 5.25 分别对应鸡、鸭、鹅	企业调研数据
规模养殖每头畜禽粪便排磷量/(10^{-3}t)	0.0756, 0.0978, 0.0244, 1.1369, 10.0450, 1.6097 分别对应鸡、鸭、鹅、猪、牛、羊	
杀虫剂含磷率/%	3.30	
除草剂含磷率/%	7.70	
规模养殖产奶含磷率/%	0.2190	调研数据
蔬菜含磷率/(g/kg)	0.26	《中国统计年鉴2008》
煤含磷率/%	0.02	调研数据
生活垃圾含磷率/%	0.15	
农村人均粪便排磷/(kg/a)	0.73	问卷调查数据
城市人均粪便排磷/(kg/a)	0.35	
家庭养殖每头畜禽食料消耗量/(kg/a)	49.44, 125.87, 273.75, 912.50, 7300.00, 1825.00, 0.20 分别对应鸡、鸭、鹅、猪、牛、羊、水产	
家庭养殖每只家禽产蛋量/(kg/a)	3.75, 3.75, 1.05 分别对应鸡、鸭、鹅	
家庭养殖畜禽食料含磷率/%	0.3142, 0.3072, 0.3107, 0.2530, 0.1300, 0.1300, 0.6000 分别对应鸡、鸭、鹅、猪、牛、羊、水产	
家庭养殖畜禽粪便排磷量/(10^{-3}t)	0.1663, 0.2672, 0.2928, 2.4175, 10.0450, 1.6097 分别对应鸡、鸭、鹅、猪、牛、羊	农村问卷调查数据
牛羊食料成分/%	100 对应秸秆	
家禽食料成分/%	10, 90 分别对应饲料、糠	
猪食料成分/%	10, 45, 45 分别对应饲料、糠、厨余垃圾	
垃圾渗滤液处理后含磷系数/(mg/L)	1	

6.2.5 磷代谢结果与特征分析

1. 磷代谢结果分析

明确磷代谢过程磷流关系，即可绘制磷代谢分析图，如图6-10所示，用箭头

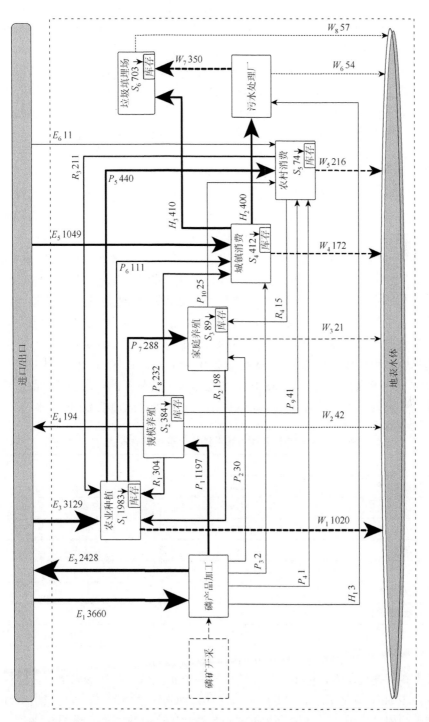

图 6-10　合肥市磷代谢分析图（单位：t）

表示各过程间磷的输入输出，用箭头粗细表示磷流大小，其中，磷代谢系统产品贸易流用 $E_i (i = 1, \cdots, 6)$ 表示，主要包括磷化工产品、农畜产品和含磷生活用品贸易；过程间物质交换流用 $P_j (j = 1, \cdots, 10)$ 表示，指磷化工产品和农畜产品；废物循环利用流用 $R_k (k = 1, \cdots, 4)$ 表示，主要包括人畜粪便还田和生活废物回用；$H_l (l = 1, 2, 3)$ 表示磷化工生产和城镇消费过程废物处置流；环境流用 $W_m (m = 1, \cdots, 8)$ 表示，主要指磷经由各过程进入地表水体磷量；$S_n (n = 1, \cdots, 6)$ 分别表示农业种植、规模养殖、家庭养殖、城镇消费及农村消费过程、垃圾填埋场磷存量。

2. 磷代谢特征分析

从合肥市磷代谢系统含磷物质输入输出看，磷矿石、化肥、农药、农畜产品和生活用品贸易输入构成的含磷物质投入量表征了区域经济社会系统的含磷物质消耗强度。2008 年，合肥市系统外含磷物质输入总量为 7849t，其中，磷化工生产、农业种植过程是影响含磷物质投入的决定性因素，分别占系统外含磷物质输入总量的 46.6% 和 40.0%，见表 6-8，农产品和化肥输入分别占系统外总输入的 50%、40%，如图 6-11 所示。同时，农作物、化肥、畜禽品等物质输入从一定程度上降低了本地农业生产强度，因而减轻了区域生态，特别是水体环境压力。输出至区域外的各类含磷产品、排放到区域生态环境系统中的含磷废弃物及磷在经济社会系统中的物质累积构成系统总体物质输出。2008 年，合肥市输出到外区域的磷总量为 2622t，占含磷物质总投入的 33.4%，说明本地主要从外区域进口磷产品，且以农产品、化肥为主，含磷物质主要进入磷化工生产和农业种植部门。

表 6-8　合肥市磷代谢过程系统外含磷物质输入

磷代谢过程	含磷物质输入/t	所占比例/%
磷化工生产	3660	46.6
农业种植	3129	40.0
规模养殖	0	0.0
家庭养殖	0	0.0
城镇消费	1049	13.4
农村消费	11	0.1
含磷废物处置	0	0.0
总计	7849	100.0

从各个磷代谢过程看，由于本地无磷矿开采企业，2008 年区域内磷化工原料进口总量为 3660t，磷化工产品主要输往畜禽养殖和居民消费部门，磷化工生产过程总体物质利用效率较高，含磷废物排放不到磷化工产品物质产出量的 0.1%。

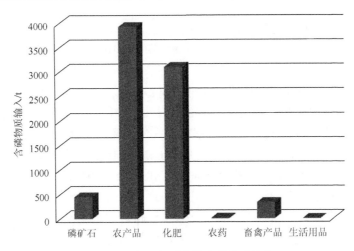

图 6-11　合肥市系统外含磷物质输入

农业种植过程物质消耗强度为 3842t，投入中化肥含磷物质输入总量为 3114t，约占农业种植含磷物质输入总量的 81.1%；有机肥（粪便）还田磷总量为 713t，约占农业种植含磷物质输入总量的 18.6%；其他秸秆还田与种子带入的含磷量相对较小。农业种植过程物质总输出为 1859t，其中，农作物含磷输出总量为 802t，占农业种植过程总输出的 43.1%；秸秆输出含磷 206t，约占农业种植过程物质总输出的 11.1%，当地农村秸秆利用途径包括还田和畜禽喂食，秸秆循环利用率较高，达到 87%。养分在土壤中积存与流失导致的过程含磷物质损失接近农业种植过程物质投入的 56.4%，主要是由于农田径流导致的营养物质流失，其中 2008 年约有 1020t 总磷直接进入地表水体。

"十一五"期间，区域内养殖业生产规模持续增长，畜禽养殖由过去的分散经营、饲养头数少、主要分布在农区，转变为现在的集中经营、饲养头数多、分布在城市郊区或新城区的新模式。根据合肥市规模化畜禽养殖业调研情况可知，区域内现有规模养殖场（小区）3800 个，规模养殖比例达到 70% 以上，畜禽养殖规模化发展带动了饲料加工、畜禽屠宰和食品加工行业的迅速发展。2008 年，规模养殖含磷物质投入为 1197t，主要来自磷产品加工过程的饲料供给，极大依赖于本地磷化工生产部门；家庭养殖畜禽食料含磷物质输入总量为 333t，其供给主要依赖于本地农业种植过程的农产品输出，约占家庭养殖总输入的 86.5%。

畜禽养殖部门除了是含磷物质（植物磷与矿物磷）的主要消费部门，也是动物磷及磷代谢废物的主要生产部门。2008 年，规模养殖部门畜禽产品磷输出总量为 519t，是家庭养殖畜禽产品磷总量的 20 倍。然而，畜禽产品输出仅占畜禽养殖含磷物质输出的 28%，大部分磷养分随畜禽粪便输出，其量占到畜禽养殖含磷物质总输出的 51%。畜禽粪便含有大量氮、磷营养物质，是一种优良的有机肥，我国一直将畜禽粪便作为提高土壤肥力的重要肥源。2008 年，区域内规模养殖场的粪便排放磷总量达 840t，为了实现对畜禽粪污的集中处置，规模养殖部门将畜禽粪便集中还田或者实行鱼禽混合养殖，循环利用率达到 87.5%；家庭养殖部门将人畜粪便混在一起以还田的形式实现对粪便的综合利用，抽样调查统计得出合肥市农村家庭养殖的畜禽粪便还田率达到 90.5%，未利用的粪便流失入水体的含磷总量为 21t。总体来说，畜禽养殖过程畜禽粪便循环利用率较高，2008 年流入地表水体畜禽粪便含磷总量只占粪污总输出的 6.3%。但是由于规模养殖部门在局部地区以较高强度消耗植物磷和矿物磷养分、排出磷代谢废物，并且大部分规模养殖部门建在城乡接合部，周边没有足够的耕地消纳畜禽养殖产生的粪便，考虑到运输成本等诸多因素，当年堆存粪便含磷总量高达 332t，因此，畜禽养殖过程中产生的畜禽粪污带来的生态环境问题将变得日益突出。

伴随着经济社会的全面发展和城镇建设步伐的不断加快，合肥市人口规模日益扩大、城镇化水平大幅提高。2008 年合肥市（不包括三县）总人口数达到 203.5 万人，人口城镇化率已达 84.3%，人口数量的激增促进了磷产品消费的快速增长。

区域内城乡消费水平不断提高，城镇居民家庭的人均食品消费支出比 1995 年提高了三倍，农村居民家庭收入则翻了一番。2008 年城镇居民消费含磷物质强度为 1393t，是农村居民消费含磷物质输入总量的 3 倍左右。从居民消费过程中废物处置方式的差异看，城镇废物主要进入废物处置过程，废物处置率达到 82.5%，城镇消费构成的水体磷负荷为 172t。并且城镇居民产生的粪污不再作为有价值的资源用于农业施肥，这种城镇与农村之间养分断裂现象的后果将导致越来越多的含磷废物通过市政废物处置过程进入环境，最终对地表水质产生极大威胁。与城镇消费过程废物输出相比，区域内农村居民将人畜粪便混合以有机肥还田的形式实现对粪便的综合利用，粪便综合利用率高达 90.5%，对农村居民消费而言，农村生活污水缺乏有效的处理，大部分是通过排入化粪池渗入地下，这种分散式的农村生活污水排放是农村消费过程营养物质流失的主要渠道，区域内 2008 年农村生活污水地表水体的流失磷量达到 216t，约占农村消费过程含磷物质总投入的 45%，由此抵消了粪便循环利用的正效应，导致农村消费过程总的废物利用率不到 55%，因此，农村生活污水排放是农村消费过程最主要的面源污染。

区域内废物处置输入含磷废物总量约为 813t，其中，本地磷化工生产企业废物处置磷量仅为 3t，绝大部分来源于本地城镇消费过程。目前，合肥市主城区日处理生活污水规模为 44 万 t/d，占合肥日产生生活污水量 70% 以上，每天仍有接近三成污水未处理而直接排入地表水体。

从磷代谢各过程间的相互关系看，首先，农业种植过程是磷元素流动的中心环节，它主要与畜禽养殖和城乡消费部门进行物质交换利用。其次，城乡居民消费可以说是整个磷代谢体系物质流动的驱动力，城乡居民的消费结构决定了农业种植和畜禽养殖业发展的规模与方向。再次，人口数量日益攀升，含磷产品消费增多、含磷废物排放加剧，使得自然环境中的含磷废物迅速累积。2008 年合肥市未利用的磷代谢"废物"达到 5233t，经济社会系统的生产性磷输出总量为 5003t，也就是说，每生产 1t 含磷产品将产生约 1t 的含磷废弃物。工业废物、生活废弃物及污泥通过填埋、堆放、焚烧等处置方式进入非耕地土壤的磷通量为 703t，约占代谢"废物"总量的 25.4%，通常这部分磷难以再次得到回收和利用，从而造成严重的资源浪费。最后，还有大量的磷"废物"进入系统库存，库存中约有 75% 的磷全部被耕地土壤所积存，显著加大了磷养分进一步流失的风险，也进一步增加了化肥施用量。

6.2.6 排入水体磷估算

2008 年，合肥市磷代谢系统的水污染负荷为 1582t，从一定程度上是造成城市水体富营养化的直接原因。图 6-12 是合肥市磷代谢系统水体负荷图，表 6-9 是合肥市地表水磷排放来源。

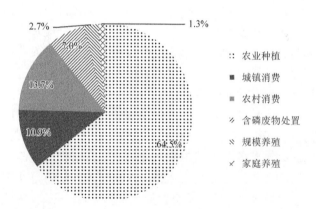

图 6-12 合肥市磷代谢系统水体负荷图

表 6-9 合肥市地表水磷排放来源

入水体磷来源	含磷量/t	贡献比例/%
农田面源流失	1020	64.5
粪便流失	216	13.7
生活污水直接排放	172	10.9
粪便直接排放	63	4.0

续表

入水体磷来源	含磷量/t	贡献比例/%
垃圾渗滤液处理后排放	57	3.5
污水处理厂直接排放	54	3.4
总计	1582	100.0

2008 年，合肥市磷代谢系统进入地表水体的磷总量主要来自农业种植过程的养分流失，约占到合肥市磷代谢系统水体负荷的 64.5%，究其根本原因为高强度的化肥施用加剧了土壤养分流失，从化肥的过量投入与大量流失可以看出，过量的养分投入是目前我国化学集约型农业的一个普遍特点，愈发加剧了面源污染。化学集约型农业和对农药化学品的过度依赖是隐藏在合肥市面源污染问题背后的根本原因。

除此之外，城乡居民消费过程产生的生活污水排放也是造成地表水体磷负荷过高的主要原因，居民消费入水体磷排放约占到合肥市磷代谢系统水体负荷的24.6%。合肥当地农村生活污水缺乏统一管理与整治措施，造成污水无序排放。与农村污水排放现状相比，城镇污水处理设备日益完善，城镇消费磷排放导致的富营养化现象有所减弱，但是每年仍有近三成的污水直接排放入水体，是造成水体富营养化的另一诱因。从图 6-12 中也可以看出，工业生产废水排放和畜禽养殖粪污并不构成水体负荷的主要原因。因此，若仅在工业污染源或者点源治理上采取传统单一的末端截污和处理技术，不但控制成本高，而且还将进一步加剧生态风险，无法实现水体富营养化防治目标。

未来随着合肥市人口的增长、工业化发展步伐的加快，在不再进一步采取磷削减改善措施的情况下，合肥市经济社会系统进入地表水体的排磷量将持续增长，必然对合肥市的水体富营养化治理带来严峻挑战。从磷物质代谢特征及社会经济影响因素角度，磷物质代谢特征及社会经济影响因素可归纳为以下几个方面。

（1）经济社会发展水平。经济社会发展水平影响磷矿开采、磷化工生产企业、规模养殖企业的生产规模，同时影响城乡居民的生活水平。

（2）农业结构与种植方式。大量化肥使用为特征的现代农业促进农业产量显著提高，然而，现代农业也极度加快了人类生产和消费系统中的氮、磷代谢过程，造成大量的氮、磷排放。从磷代谢研究的分析结果可以看出，农业结构与种植方式中，农田作物排水方式、化肥与农药的使用数量及施用方式对于农业种植子系统进入地表水体的磷总量具有重要影响。

（3）城镇化进程。由于城镇和农村居民在生活习惯、饮食结构等各方面存在差异，城镇化进程将直接影响城市与农村两个消费系统的消费水平、消费结构、家庭养殖方式等方面,同时城镇和农村在生活污水与垃圾的产生、废物的收集与处理处置等方面也存在着显著差异,必然引起两大消费系统排磷特征的变化。

(4)环境基础设施的完善程度。污水及垃圾等废物是否收集处理对于系统内的地表水环境具有重要的影响。城镇基础设施越完善,污水及垃圾等废物的收集处理比例越高,城镇居民生活产生的污染物对于地表水环境的影响就会越小。

6.3　研究结论

为建立科学的城市水环境问题解析方法,研究从物质代谢角度分析城市经济社会系统中污染物的开采、生产加工、消费、废弃、再利用等迁移转化过程,并建立主要污染物流的核算方法,为城市可持续健康发展提供了方法支撑。以合肥市磷流分析为案例,对城市水环境问题进行诊断,结果表明:

(1)基于生命周期的物质流分析方法可以为城市水环境问题的诊断提供数据支撑和科学依据。

(2)城市磷流分析框架不仅可以测算各个污染源向水体排放的总磷量,而且基于过程的物质守恒原则能对核算结果进行校对与检验。

(3)与排放清单方法相比,物质流分析方法更准确科学,但对数据的需求量更大,数据收集工作量较大,因此物质流分析研究中要注重城市数据的积累,尤其是碳氮磷系数的监测与核算。

第7章 城市水环境承载力影响指标

7.1 水环境承载力的概念

城市水环境承载力指在一定时期内，城市区域水环境系统在满足水质目标要求、保持可持续的自净能力和维持水生态健康的条件下，对区域人口、经济和社会活动的支持能力。

其特点主要包括以下几个方面：

（1）具有客观性、区域性、时代性和动态性；

（2）是促进水环境质量改善的手段之一；

（3）兼顾水陆统筹，评估对象为区域内水环境系统；

（4）支持污染物总量控制。

7.1.1 水环境承载力内涵及特征

水环境承载力的内涵包括时空内涵、技术内涵、社会经济内涵和持续性内涵等几个方面，见表7-1。从本质上讲，水环境系统结构决定了水环境承载力，水环境承载力是水环境系统与外界物质输送、能量交换、信息反馈和自我调节能力的具体表现，反映了水环境与人和社会经济发展活动之间的联系[53-55]。

表 7-1 水环境承载力内涵

水环境承载力内涵	内容
时空内涵	具有相应的空间性，同时，不同时期水资源的内涵和外延及人类的价值观念是不同的，因此它具有一定的时空内涵
技术内涵	水环境承载力离不开特定的技术背景，一方面水环境承载力的生态极限与一定技术水平有关；另一方面通过提高技术水平和优化管理可以提高水环境承载力
社会经济内涵	在不同的社会发展模式下，如不同的产业结构、消费结构和发展模式下，人类对水环境承载力的判定条件不同，社会经济系统作为水环境承载力的一个子系统，其大小可以通过人口总量和经济规模来衡量
持续性内涵	水环境承载力的前提条件是"持续承载"，包括水环境系统对社会经济系统的持续承载、社会经济可持续发展和水环境承载力持续增强三方面

水环境承载力具有客观性和固有性，主观性、动态性和可调控性，相对极限性、区域性和时间性及模糊性等主要特征。

1. 客观性和固有性

水环境承载力是水环境系统的客观属性，对于一定时期、一定条件下的区域而言，水环境承载力的结构和功能是客观存在的。一定地区的水资源不但具有可利用水量和水环境容量方面的自然限度，而且有社会经济方面的限度，表现为水资源管理技术和社会生产力水平是有限的，在一定的历史时期，水环境系统对社会经济发展总有一个客观存在的承载阈值。

2. 主观性、动态性和可调控性

作为衡量水环境承载力的人类活动在很大程度上取决于主观因素，用不同性质的人类活动来衡量同一区域的水环境承载力，可能会得出不同的结论，因此，水环境承载力涉及人们有怎样的生活期望和判断标准，具有主观性；由于水资源系统及其所承载的社会经济系统都是动态的，与特定历史时期的水资源开发利用水平、产业结构形式和生产力水平有关，这使其支持能力也随之动态变化；水环境承载力的可变性在很大程度上是可以由人类活动加以控制的，人类可以利用对水环境系统运动变化规律的掌握，根据自身的需要，对水环境进行有目的的改造，从而使水环境承载力朝着人类预定的目标变化，这就是水环境承载力的可调控性。

3. 相对极限性

水环境承载力是有一定限度的，在这个限度内，水环境承载力能够自我调节，若超过了这个限度，水环境的结构就会遭到破坏，某些功能就会丧失，承载能力就会下降，有时候甚至造成不可恢复的损失，在这种情况下，水环境将反过来制约人类社会生存与经济的发展。然而水环境承载力的这种限度不是绝对的，而是一个有条件的、可能发生跳跃式变化的相对极限，即在一定时间、一定技术水平和一定管理水平下的极限。

4. 区域性和时间性

作为水环境的核心要素，水体的水量、水质等在空间分布上有很大的差异。在不同区域，水环境系统的结构、功能及其组合类型也不同，其社会经济活动的发展水平、规模方向等也不同；水环境作为人类重要的自然资源，不同水域的功能及保护标准也有差异。因此，水环境承载力有很强的区域性。由于水资源和水环境都有较强的地区性，它对社会经济发展的支撑形式也有较强的地区性，水环境承载力只有相对于某一区域才有意义。水环境承载力是人类活动与自然水资源之间长期作用关系的综合体现，具有长期性和时间性。

5. 模糊性

由于水环境系统的开放性、复杂性、影响因素的不确定性和人类认识自然能力的局限性，水环境承载力的指标和数量大小会有一定的模糊不确定性。

7.1.2　水环境承载机制

水环境承载机制有两个方面：一是约束机制；二是水环境污染自我净化机制。

1. 约束机制

水环境承载机制中的约束机制包括生态效应约束机制、环境效应约束机制和水环境效应约束机制。

（1）生态效应约束机制：生态效应约束机制是指当水环境中的污染物积累到一定量后便对水中的植物和动物产生不良效应。水和水中生物之间及各生物组分之间相互依存和制约，构成一个整体。这一系统是生物生产、累积、分解、转化的场所，并贯穿物流与能流而形成一个开放系统。正常情况下，系统结构完整、功能健全，结构与功能之间相互适应并具有一定的自我内在调节能力。在人为活动的影响下，进入水环境的污染物，其性质和数量一旦超过水环境生态系统所能承纳的阈值时，系统就受到干扰和破坏，生物生长受到抑制，甚至造成有毒物质向动物及人体转移。

（2）环境效应约束机制：水环境承载力的环境效应约束机制是指当水环境中的污染物达到一定数量后，通过降水、径流、淋溶下渗、蒸散等一系列水循环过程，将对地下水、土壤和大气环境产生危害。

（3）水环境效应约束机制：水环境效应约束机制是指当水环境中的污染物积累到一定浓度后，对水环境功能产生危害。因为任何水体都具有同化和代谢外界输入物质的能力，输入物质在水环境中经过复杂的物理、化学、生物化学等作用进行迁移转化，再向外界输出。水环境中物质和能量向外界输出，必然会引起环境系统的变化，这就是水环境系统的效应机制，反过来，当输入物质超过水环境的平衡能力后，水体的结构和功能就会遭到破坏。

2. 水环境污染自我净化机制

水环境生态系统是一个开放的系统，不断与外界进行着物质和能量的交换，内部也进行着物理、化学和生物的变化。水环境的变化是绝对的，稳定是相对的，正是因为有这种变化发生，才形成了区域的、持续的环境容量。环境容量的大小在一定程度上取决于变化的大小，这种变化的大小就是水环境的自我净化能力。

7.1.3　水环境承载力的影响因素

水循环是在经济社会系统中对水资源运动特性的描述。随着人类经济社会的发展，人类逐渐介入自然水循环，早期的防洪治水工程是人类对天然水循环进行加工改造的标志性行为。而水循环中人工（或社会）水循环的概念[56]是相对于自然水循环的概念而被提出的。水的循环性特点是在社会经济系统的运动过程与水的天然运动过程中所共同具有的特性。

随着人类活动对环境的影响不断深入，水循环存在自然系统和社会系统两个部分，自然水循环系统包括地下水与地表水的蒸发下渗等过程（图 7-1），社会水循环系统包括人类的供水、用水、排水及回归水等环节。水体的自然修复与净化，包括土壤渗滤和植物截留等（图 7-2）。

图 7-1　自然水循环系统

由此可见，影响水环境承载力的因素是多种多样的，涉及水体的自身特性，也涉及经济社会与人类活动所有的涉水事务，具体指标见表 7-2。采用压力（pressure）-状态（state）-响应（response）模型构建水环境承载力指标体系，水环境承载力影响因素的状态-压力-响应关系如图 7-3 所示，实际应用中考虑到指标获取来源特点，主要包括水环境支撑力、社会经济压力、自然修复力三方面因素。其中，水环境支撑力包含的指标为人均水资源量、亩均用水量、工业用水重复利用率、地表水达标率。社会经济压力包含的指标为总人口数、人口密度、城市化率、人均 GDP、万元 GDP 耗水量、万元 GDP 工业废水排污量、万元 GDP COD 排放量、万元 GDP 氨氮排放量、工业废水集中处理率、生活污水集中处理率、环

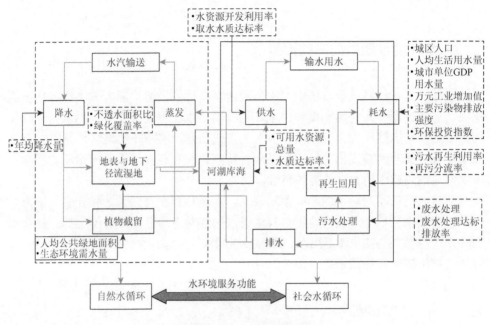

图 7-2　水循环系统

保投资占 GDP 比例、降水、蒸发及地表地下径流等。自然修复力包含的指标为湿地面积占辖区面积比例、自然岸线保有率、年平均降水量、年均温度、平均海拔、生物多样性、湿地及水体的自净能力等。

表 7-2　水环境承载力指标体系框架

目标层	准则层	指标层		单位	指标类型
水环境承载力	社会经济压力指标	人口	总人口数	人	负效应
			人口密度	人/m²	负效应
			城市化率	%	负效应
		社会经济	人均 GDP	万元/a	正效应
			万元 GDP 耗水量	m³/(万元·a)	负效应
			万元 GDP 工业废水排污量	m³/(万元·a)	负效应
			万元 GDP COD 排放量	t/(万元·a)	负效应
			万元 GDP 氨氮排放量	t/(万元·a)	负效应
			工业废水集中处理率	%	正效应
			生活污水集中处理率	%	正效应
			环保投资占 GDP 比例	%	正效应

续表

目标层	准则层	指标层		单位	指标类型
水环境承载力	水环境支撑力指标	水环境支撑力	人均水资源量	m³/人	正效应
			亩均用水量	m³/亩	负效应
			工业用水重复利用率	%	正效应
			地表水达标率	%	正效应
			COD 容量负荷比	%	负效应
			氨氮容量负荷比	%	负效应
		自然修复能力	湿地面积占辖区面积比例	%	正效应
			自然岸线保有率	%	正效应
			年平均降水量	m³/a	正效应
			年均温度	℃/a	—
			平均海拔	m	—

注：1 亩≈666.67m²。

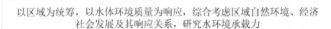

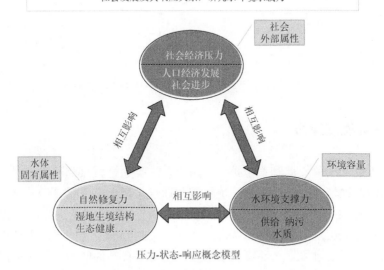

图 7-3　水环境承载力影响因素的状态-压力-响应关系

　　水环境支撑力指标和自然修复力指标之间相互促进和影响，对社会经济压力起到调节作用。水环境系统平衡与社会经济压力之间的关系如图 7-4 所示，当社会经济压力增大到一定程度，超过自然修复力和水环境支撑力的调节临界点，就会破坏原有的自然和水环境平衡，造成环境污染和生态破坏。因此，加强水污染防治、开展湿地建设、修复水生态环境，可以有效地提升水生态修复能力，提高水环境系统对社会经济的支撑能力。控制人口规模、严格限制土地开发，实行清洁生产、节能减排等可持续发展措施，能够减轻经济社会发展对水环境的压力和影响，促进人与水环境的和谐发展。

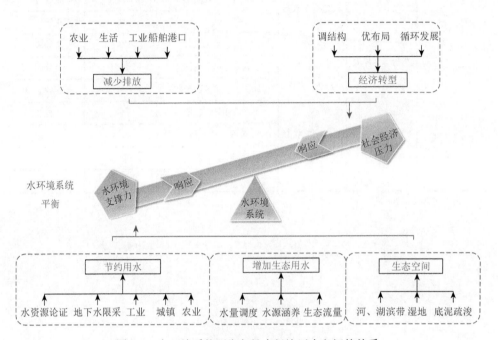

图 7-4　水环境系统平衡与社会经济压力之间的关系

7.1.4　水环境支撑力

随着人类文明的发展和科学技术的进步，人类通过直接和间接方式实施着对水环境系统的改造与影响，而水环境系统则通过自身调节作用接受着这些干扰。为解决目前综合评价研究难于将水环境系统与社会经济系统进行综合测算的问题，本章研究提出水环境支撑力概念，即在一定的时间及空间下，水环境系统演替处于相对稳定的阶段，水环境系统能够承受外部扰动的能力，是人类作用与自然条件的综合表征。

由水环境支撑力的定义可知，水环境系统在其结构和功能完善的前提下，通过提供水环境服务功能来维持人类社会经济的发展，因此，保障水环境服务功能正常是评价水环境支撑力的最直接目标。水环境支撑力是水环境承载力的基础和前提，是水环境承载力的重要组成部分。

水环境支撑力的评价对象是人为干扰下的水环境系统，这一水环境系统通过自然和人为的双重作用而形成特定的结构，并通过特定结构为人类提供特定的水环境服务功能，水环境服务功能主要包括供给功能、调节功能和纳污功能，不同的水环境系统结构所能提供的水环境系统服务功能不同。水环境支撑力可通过对水环境系统结构因子的综合评价来反映水环境系统的支撑能力。

7.1.5　水环境社会经济压力

根据水环境承载力内涵可知，对水环境造成压力主要分为两大部分：一方面是对水资源的消耗，另一方面是水环境对排放污染物的容纳能力。以上二者都不可避免地受限于社会经济的发展水平及人们生活模式。为此，社会经济压力可定义为在一定时间及空间下，社会经济发展过程中产生的资源消耗对水生态环境破坏的压力和污染物排放对环境污染压力的总和。

由上述定义可知，社会经济压力可以概括两个方面：一是水资源的消耗；二是环境污染的排放。社会经济压力大小与水资源需求量和水资源质量密切相关，可通过强化治污、科技进步、提高使用效率使之得到改善。而所能容纳的污染物数量实际上与环境压力大小呈正比例关系。人类社会的技术水平和生活方式会对污染排放量产生直接影响，从而影响社会经济压力。

7.2　水环境承载力评价指标

影响水环境承载力的主要因素是水环境压力和水环境支撑力。水环境压力是指社会经济活动（驱动力因素）产生的水资源消耗、水污染物排放、生态空间挤占及水生态破坏的各种压力。社会经济驱动因素是产生水环境压力的根源。社会经济驱动力与水环境压力之间存在的数值关系简称为驱动力-压力响应关系，计算水环境压力需要确定社会经济驱动因素和明确的驱动力-压力响应关系。水环境支撑力的大小与水环境系统健康需求有关，水环境压力的大小主要受社会经济驱动影响，因此，需探讨"水环境系统健康需求——水环境支撑力"约束关系和"社会经济驱动力——水环境压力"响应关系这两个重要关系，并以此为基础进行水环境压力和支撑力承压作用分析。

承压作用分析是水环境承载力评估的核心，本章研究采用指标体系法，通过水环境压力和支撑力比值评估水环境承载力，即压力支撑力比值法。水环境承载力评估的技术路线如图 7-5 所示。

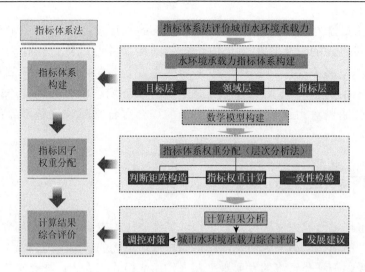

图 7-5　水环境承载力评估的技术路线

　　水环境承载力评估压力支撑力比值法包括三个阶段：①构建指标体系；②确定指标因子权重；③评估计算结果。由于区域水环境承载能力的大小与水环境所承受的压力和支撑力有关，因此，系统承载力可表示为压力和支撑力的函数：

$$U = f(P, S) \tag{7-1}$$

式中，S 为水环境系统的支撑力指数；
　　　　P 为水环境系统的压力指数。

　　水环境承载力的压力支撑力比值法主要通过建立和筛选指标因子，建立压力指标体系和支撑力指标体系，进而通过压力指标计算压力指数 P，通过支撑力指标计算支撑力指数 S。各指标的计算采用加权叠加，权重因子通过层次分析法确定。最终通过压力指数与支撑力指数比值计算获得承载力指数。

　　根据有关文献，在指标体系构建的基础上指标层的承载力可定义为

$$w_i = \sum_{i=1}^{n} \omega_i x_i \, (i = 1, 2, \cdots, n) \tag{7-2}$$

式中，ω_i 为单项指标的权重；
　　　　x_i 为单项指标的值（预处理之后的值）。

　　压力指数 P 计算公式为

$$P = \sum_{i=1}^{n} \omega_i x_i \, (i = 1, 2, \cdots, n) \tag{7-3}$$

　　支撑力指数 S 计算公式为

$$S = \sum_{j=1}^{n} \omega_j x_j \, (j = 1, 2, \cdots, n) \tag{7-4}$$

式中，ω_j 为单项指标的权重；

x_j 为单项指标的值（预处理之后的值）。

P 越大表示水环境承受的压力越大；S 越大表示水环境承受的支撑力越大。

简单利用支撑力和压力之比作为水环境系统承载力指数，就可表示水环境系统的承载能力，可表示如下：

$$U = \frac{P}{S} = \frac{\sum\limits_{i=1}^{n} \omega_i x_i}{\sum\limits_{j=1}^{n} \omega_j x_j} \ (i, j = 1, 2, \cdots, 3) \tag{7-5}$$

当压力与支撑力比值 U 超出某一阈值时，说明水环境"超载"；当压力与支撑力比值等于某一阈值时，说明水环境承载力达到最大承载能力；当压力与支撑力比值小于某一阈值时，说明水环境"可载"。

水环境承载力预警可以采取承载力指数阈值预警或关键指标预警两种方法，预警等级可分为五个等级，分别为严重超载、中度超载、轻度超载、合理承载和良好承载，阈值初步定为 $U>3.0$ 为严重超载，$1.5<U<3.0$ 为中度超载，$1.0<U<1.5$ 为轻度超载，$0.8<U<1.0$ 为合理承载，$U<0.8$ 为良好承载。

7.2.1　指标体系构建

水环境与社会经济的关系涉及多方面因素，其中许多过程具有不确定性，对这一复杂关系的定量描述，可行的办法之一就是建立一套合理的评价指标体系。

1. 指标体系构建方法

研究水环境承载力的核心是用什么指标体系来反映"社会-经济-环境"系统的发展规模与质量，这些变量的大小和相互关系可以通过构建指标体系来进行衡量。水环境承载力兼具自然属性和社会属性，受环境条件、资源禀赋、技术水平和管理等方面的影响。目前，水环境承载力指标体系的构建主要基于压力-状态-响应（pressure-state-response，PSR）为基础的理论框架，在可持续发展、生态安全评价、承载力研究等方面得到广泛认可和使用[57-59]。压力指标主要反映自然因素、人为因素及社会经济发展水平给水环境承载力所带来的消极影响；状态指标是对水环境生态系统组成、结构和功能的分析与描述，响应指标是反映为水环境保护而采取的系列措施。

评价的指标体系包含目标层、准则层（包含压力层、支撑力层）和指标层三个层次。指标体系的结构如图 7-6 所示。

目标层（A）：表示水环境的总体承载能力，数值越大表示水环境承载能力越小。

准则层（B）：反映水环境-社会经济系统中与水环境承载力大小密切相关的主要影响因素，既包括"负面"效应指标（压力指标），也包括"正面"效应指标（支撑力指标）。

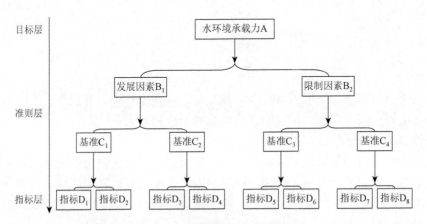

图 7-6　指标体系层次结构图

支撑力指标主要是反映水环境承载体的状态、发展趋势，主要体现在水资源供给、水环境质量空间、环境自净及稀释能力等方面。该类指标通常存在"正向"指标和"负向"指标之分。"正向"指标值越大则支撑力越大，如城市污水处理率；而负向指标则相反，指标值越大则支撑力指标越小，如水体富营养化状态。水资源供给能力、社会经济优化配置能力、环境纳污能力的提高及生态环境的改善对区域经济的可持续发展具有支撑作用，有助于实现水环境良性发展。本章从水环境压力、水生态环境和社会资源配置能力三个方面来设计支撑类指标体系。

指标层（C 和 D）：反映了准则层随着时间的动态变化特征，表达了准则层的具体内容。

2. 指标因子选取原则

水环境承载力系统涉及社会经济、资源和环境等多个领域，不仅要明确指标体系由哪些指标组成，更应明确指标之间的相互关系。为此，指标选取时尽量遵循以下几个基本原则。

科学性：指标的概念必须明确，且具有一定的科学内涵，能够客观地反映水环境系统内部结构关系，并能较好地度量水环境承载力。

可获得性：水环境承载力评估方法要考虑到不同地区管理水平及方式的差

异，评估指标要在绝大部分地区都易于获得，以便于真实客观地反映地方实际情况。

可操作性：要充分考虑资料的来源，各项指标力求做到数据准确、内容真实、简洁、易于量化，避免繁杂；同时注意各指标之间避免重复，保持相对独立性。

动态性：选择相应的指标来表征系统的动态，使评价模型具有"活性"。

完整性：尽可能选择综合性强、覆盖面广的指标，重点抓住主要的、关键性的指标。

可评定性：水环境承载力评估需要依据一定的目标或标准，对评估对象的具体承载状况做出评价和判断。通常需要对评估对象的水平高低、合格与否等情况进行区分等级的评定。因此，水环境承载力评估具有区分等级、鉴定优劣、合格审查等带有评定性质的功能。

3. 指标体系筛选

为便于水环境承载力方法的推广应用，且降低水环境承载力评估工作的难度，实现水环境承载力长效运行，通过进一步研究水环境污染物代谢过程，优化指标筛选，建立了一套简化的指标体系法，见表 7-3。

表 7-3　水环境承载力涉及指标因子

准则层		指标层
水环境压力指标	人口	人口数量、人口密度、城市化率、农村人口数、城镇人口数、单位人口 COD 排放量、单位人口氨氮排放量
	经济	GDP、万元 GDP 耗水量、万元 GDP 工业废水排污量、三次产业增加值
	用水	生产用水、生活用水和生态环境用水
	点源排污	万元 GDP 氨氮排放量、万元 GDP COD 排放量、COD 入河量、氨氮入河量、污径比、城镇污水集中处理率、城市污染负荷入河率、农村污染负荷入河率
	面源排污	城市下垫面不透水率、化肥损失率、农田面积占比
	占地	土地覆被变化、滩涂水域和河岸带占用
	响应措施及效果	用水强度、排污强度、污水回用、生态破坏强度
水环境支撑力指标	水资源供给	水资源总量、水资源可利用量、生态基流保证率
	水环境纳污	COD 水环境容量、氨氮水环境容量
	水量需求	河流生态需水量
	水质要求	水质目标、水质基准、地表水达标率、地表水达标断面比率
	栖息地要求	河流物理生境完整性、湿地面积占辖区面积比例、岸带高生态功能用地比例、自然岸线保有率
	生态健康水平	生物完整性、生物多样性指数
	整体治理效果	生态治理工程、污染防治技术、水草林地比例

4. 指标因子提取

在指标体系初步构建基础上，对具体评价指标进行梯选。为使建立的指标体系能够准确、全面、真实地反映研究区域水环境可持续承载的水平，通常需满足以下功能。

（1）反映某时间尺度内水环境承载的可持续水平或状况，反映各个方面对水环境可持续承载相对贡献的大小，能协助水环境综合规划与合理利用决策规划的制定；

（2）可评价某时间尺度内各指标的相对发展速度，评判水环境承载的发展态势。通过梯选建立的评价指标因子见图 7-7。

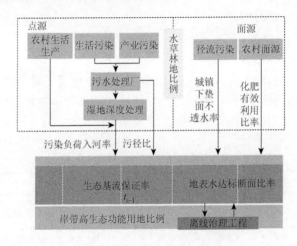

图 7-7　指标因子提取示意图

水环境支撑力是指系统处于相对稳定的健康状态下，即在满足水生态系统自身健康需求的约束条件下，能够提供支撑作用及承受外部胁迫的允许最大能力（允许最大值），计算水环境支撑力应首先确定系统健康的具体需求（或保护目标）。水环境健康需求主要体现在为满足水生生物健康和生态完整性的水量需求（河流生态需水量）、水质需求（满足河流健康的水质基准）、栖息地需求（物理生境需求）、生态健康水平四个方面，水环境支撑力是在满足这些需求的约束下所能够提供允许最大能力，见表 7-4。

表 7-4　水环境支撑力指标因子筛选

水环境健康需求		约束关系	水生态支撑力	
水量需求	河流生态需水量		水资源供给	生态基流保证率
水质需求	水生物水质基准		水环境纳污	水质达标保证率

续表

水环境健康需求		约束关系	水生态支撑力	
栖息地需求	物理生境完整性		自然岸带	岸带高生态功能用地比例
生态健康水平	生物完整性		生境指标	水草林地比例

　　考虑到区域水域、湿地和草地对区域点源和面源都有污染阻控作用，适当提高地方水域、湿地和草地面积，有助于消除污染物社会循环及自然循环中各类污染的传递，降低污染物入河量，因而将城市水草林地比例作为水环境承载力评估的主要指标。河流内水环境支撑能力分水量及水质两方面的影响，考虑到国内河流特点，采用生态基流保证率和地表水达标断面比率作为控制指标。河流岸边带和湿地系统能够有效削减城市和农村面源污染，提高河流的自净能力。自净能力效果与岸带高生态功能用地比例、自然岸线比例呈正相关关系，因而研究中采用两者作为评估的关键指标因子。

　　水环境压力是由人类的社会经济活动所带来的水资源消耗、污染物排放及水生态破坏等各种压力。水环境压力有很多种类型，主要包括取用水、产排污和土地占用等类别，每个类别又可以分解为多个具体的压力因子。由于城镇污染来源复杂，要精确评估城镇污染排放量需要大量调研和计算，评估结果还往往不符合实际情况。因而，本章研究中着重提取与生活、产业和径流污染相关的主要因子。径流污染主要考虑城镇面源，受城镇下垫面不透水比率、下垫面用途和入河系数等影响，以水质不达标率、表征河流水量的污径比、点源污染负荷入河率和面源污染负荷入河率作为关键因子。汇总后的关键指标因子见表 7-5。

表 7-5　关键指标因子

类别	编号	所需指标	数据格式	计算方法	获取途径
水环境压力	1	污径比	0~100	（Ⅴ类＋劣Ⅴ类污水处理厂排水）/河流平均径流	基于环境统计计算
	2	点源污染负荷入河率	0~100	（污水总负荷−污水处理厂实际削减负荷）/污水总负荷（COD）	基于环境统计计算
	3	水质达标率	0~100	水质现状浓度/水质目标浓度	基于环境统计计算
	4	面源污染负荷入河率	0~100	（不透水面积/城镇总面积＋化肥损失率）/2	遥感影像解译及环境统计数据
水环境支撑力	5	生态基流保证率	0~100	生态基流保证天数×100%/365	年鉴数据
	6	水质达标保证率	0~100	（目标水质−现状水质）/目标水质	基于环境统计数据
	7	岸带高生态功能用地比例	0~100	岸带（湿地＋绿地）面积/总面积	遥感影像解译
	8	水草林地比例	0~100	（林地＋草地＋河湖水面）/总面积	遥感影像解译

7.2.2　指标因子权重

层次分析法是将一个复杂的多目标决策问题作为一个系统，将目标分解为多个目标或准则，进而分解为多指标（或准则）的若干层次，通过定性指标模糊量化方法算出层次单排序（即权数）和总排序，以作为目标（多指标）、多方案优化决策的系统方法。层次分析法具体步骤如下。

1. 构造判断矩阵

依据上、下层元素间的隶属关系建立判断矩阵，通过矩阵中的元素进行两两比较哪个更重要，运用 1-9 标度评分方法对元素间的重要性比较结果进行量化。若判断矩阵 $\boldsymbol{B}$ 记为 $(b_{ij})_{n \times n}$，则有

$$b_{ji} = \begin{cases} \dfrac{1}{b_{ij}} & i \neq j \\ 1 & i = j \end{cases} \quad (i, j = 1, 2, \cdots) \tag{7-6}$$

2. 权重计算及检验

采用特征根法计算各判断矩阵的权向量，对于一致性判断矩阵，每一列归一化后即为上、下层元素间的相对重要性权重，特征根计算方法如下：

$$\lambda_{\max} = \frac{1}{n} \sum_{i=1}^{n} \frac{(b\boldsymbol{W})_i}{\omega_i} \tag{7-7}$$

$$K_i = \frac{1}{n} \sum_{j=1}^{n} \overline{b}_{ij} \tag{7-8}$$

$$\overline{b}_{ij} = \frac{b_{ij}}{\sum\limits_{k=1}^{i} b_{kj}} \tag{7-9}$$

式中，$\boldsymbol{W}$ 为权向量；

n 为元素个数；

b 为上下层元素间的相对重要性权重。

而后进行一致性检验，计算方法如下：

$$C_{\mathrm{R}} = \frac{C_{\mathrm{I}}}{R_{\mathrm{I}}} \tag{7-10}$$

$$C_{\mathrm{I}} = \frac{1}{n-1} (\lambda_{\max} - n) \tag{7-11}$$

式中，C_{R} 为判断矩阵一致性指标；

R_{I} 为平均随机一致性指标。

若 C_R<0.1，认为判断矩阵的一致性是可以接受的；否则，认为判断矩阵不符合一致性要求，需要对判断矩阵进行重新修正，直到满足一致性。按照上述层次分析法，关键指标因子权重见表 7-6。

表 7-6　关键指标因子

类别	编号	所需指标	计算结果
水环境压力	1	污径比	0.17
	2	点源污染负荷入河率	0.33
	3	水质达标率	0.33
	4	面源污染负荷入河率	0.17
水环境支撑力	5	生态基流保证率	0.14
	6	水质达标保证率	0.43
	7	岸带高生态功能用地比例	0.29
	8	水草林地比例	0.14

7.3　指标因子获取途径

7.3.1　污径比

污径比是环境学科和水资源管理评价中的重要指标，是指所排放的污水水量与纳污水体水量的比值。对于河流而言，污径比为排放的污水流量与河流径流量的比值，常被用作水质评价指标。通常情况下，污径比越小，稀释能力越强，稀释容量越大，水质不易被污染；反之则水质易受污染。该指标具体计算式如式（7-12）所示。

$$污径比 = (V 类 + 劣 V 类污水处理厂排水量)/河流平均径流量 \qquad (7-12)$$

在上述计算公式中，"V 类 + 劣 V 类污水处理厂排水量（m^3/s）或水质"数据，可以通过当地生态环境相关部门环境统计数据获得；河流的平均径流量（m^3/s）可通过统计年鉴数据获得。为保证数据的稳定性及准确性，取近 10 年该河流的平均流量作为水质评价、水安全和可持续发展评价的参考。

7.3.2　点源污染负荷入河率

点源污染负荷主要来自城镇及农村生活污染和工业污染，是水环境的主要污染源之一，该指标计算式如下：

点源污染负荷入河率 = (污水总负荷–污水处理厂实际削减负荷)×100%/污水总负荷

(7-13)

式中，污水总负荷、污水处理厂实际削减负荷需要通过环境统计数据进行汇总整理得到，具体数据获得途径如下。

1. 城镇污染负荷

城镇污染主要指城镇生活及生产产生的废水，城镇污水总负荷在这里主要考虑城镇生活生产所产生的化学需氧量（COD）、氨氮（NH_4^+-N）等指标。根据《全国第二次污染源普查城镇生活源产排污系数手册》，城镇生活污水及污染物公式计算如下：

$$G_c = 3560 N_c F_c \lambda_c \tag{7-14}$$

式中，G_c 是指城镇居民生活污染排放量，污染物产生量单位：kg/a；

N_c 是指城镇居民常住人口（单位：万人），可以通过统计年鉴获得数据；

F_c 是指城镇居民生活污染排放系数，单位：g/(d·人)，产生吸收或排放系数的选择，参照《全国第二次污染源普查城镇生活源产排污系数手册》；

λ_c 是指污染物的入河系数，具体系数情况参照《全国第二次污染源普查城镇生活源产排污系数手册》。

城镇生产产生的污染可根据各地排污企业污染调查，或通过环境统计数据直接查找。

2. 农村污染负荷

农村污染负荷入河率指标是衡量农村生活污水、畜禽养殖等农村污染负荷在总入河负荷量的比例，对河流水环境承载力的评价和认识有重要意义。农村生活污染负荷（R_i）的计算式如下：

$$R_i = M \times E_i \times \frac{365}{1000} \tag{7-15}$$

式中，R_i 是由于农村生活而造成的污水排放量或污染物负荷量，污水量单位：万 m^3/a，污染物产生量单位：t/a；

M 是农村居民常住人口（单位：万人），可以通过统计年鉴获得数据；

E_i 是农村居民生活污水排放或污染物产生的系数，污水量产生系数经验参考值为 25L/(d·人)，COD 污染物排放量系数经验参考值为 50g/(d·人)，氨氮污染物排放系数经验参考值为 3.2g/(d·人)。

3. 畜禽养殖污染

畜禽养殖分为集中式畜禽养殖与分散式畜禽养殖。在计算畜禽养殖所产生的污染物负荷时，需要通过统计年鉴对牛、羊、猪、鸡、鸭等畜牧生产情况进行统计。畜禽养殖产生的污染负荷量计算式如下：

$$B = B_j + B_f \tag{7-16}$$

$$B_j = (N_1 \cdot L_{1j} + N_2 \cdot L_{2j} + N_3 \cdot L_{3j} + N_4 \cdot L_{4j}) \times \frac{365}{1000000} \tag{7-17}$$

$$B_f = (M_1 \cdot L_{1f} + M_2 \cdot L_{2f} + M_3 \cdot L_{3f} + M_4 \cdot L_{4f}) \times \frac{365}{1000000} \tag{7-18}$$

式中，B 是指由畜禽养殖造成的污染物负荷（单位：t/a）；

B_j、B_f 分别是集中式畜禽养殖和分散式畜禽养殖产生的污染物负荷（单位：t/a）；

$N_1 \sim N_4$（$M_1 \sim M_4$）是集中式（分散式）牛、羊、猪、鸡/鸭数量（单位：只/头）；

$L_{1j} \sim L_{4j}$（$L_{1f} \sim L_{4f}$）是集中式（分散式）牛、羊、猪、鸡/鸭产生的污染物负荷量系数［单位：g/(头·d)］。

上述计算公式中，集中式（分散式）牛、羊、猪、鸡/鸭产生的污染物负荷量系数可根据《全国污染源普查畜禽养殖业产排污系数与排污系数手册》查询得到，具体见表 7-7。

表 7-7　畜禽养殖污染物负荷产生系数表　　　　单位：g/(头·d)

污染源类型	类型	COD	氨氮	TN	TP
集中式	规模化养猪场（水冲清粪，规模大于 500 头）	186.67	4.94	12.36	2.58
	规模化养猪场（水冲清粪，规模大于 50 头小于等于 500 头）	278.79	8.68	21.70	2.76
	规模化养猪场（干清粪）	70.16	5.17	13.19	0.70
	规模化养牛场（牛，干清粪）	141.15	21.67	55.24	3.20
	规模化养鸡/鸭场（鸡/鸭，水冲清粪）	37.88	0.38	0.95	0.41
	规模化养鸡/鸭场（鸡/鸭，干清粪）	2.32	0.03	0.07	0.02
分散式	居民散养（鸡/鸭，干清粪）	1.55	0.02	0.05	0.03
	散养（养牛，干清粪）	141.15	21.67	55.24	3.20
	散养（养猪，干清粪）	70.16	5.17	13.19	0.70
	散养（养羊）三只羊相当一头猪	23.39	1.72	4.40	0.23

4. 污水处理厂实际削减负荷

城镇生活污水经过市政管网汇合到城镇污水处理厂，并不能对污染物进行完全去除。由于每个污水处理厂执行的标准、处理规模、运行时间等参数不尽相同，所以计算生活污水实际削减负荷量，需要通过各个污水处理厂数据进行加和。各城镇污水处理厂处理的水量、水质等可通过当地生态环境保护相关部门的统计数据获得。

农村污水的实际削减负荷、处理的污水量等可通过当地生态环境保护相关部门统计的农村分散式污水处理厂数据获得。对各个分散式污水处理厂的污水处理量（m³/s）、水质指标等参数进行汇总、加和，得到农村污水实际削减负荷量。

7.3.3　面源污染负荷入河率

面源污染负荷包括城市地表径流污染和农业面源污染，理论计算方法如下：

$$D_i = L_{城市} \cdot \frac{S_{城市}}{S_{总}} + L_{农田} \cdot \frac{S_{农田}}{S_{总}} \tag{7-19}$$

式中，D_i 指由面源造成的污染；

$S_{城市}$、$S_{农田}$ 和 $S_{总}$ 分别指城镇不透水下垫面面积、农田面积和地市总面积（单位：km²），该数据可通过统计年鉴数据获得；

$L_{城市}$ 和 $L_{农田}$ 分别指城市不透水面积和农田单位面积产污负荷［单位：t/(a·km²)］，城市 COD 和氨氮单位面积产污负荷系数经验值分别为 30 和 1。

不同土地利用类型所产生的农业面源污染对水环境所造成的影响有明显差异。通过统计年鉴或当地土地规划文件等对农村土地利用情况（旱地、林地、园地、水田、菜地等）进行统计，其农业面源类型污染负荷产生系数见表 7-8。

表 7-8　农业面源类型污染物负荷产生系数

土地利用类型/[kg/(亩·a)]	COD/(mg/L)	氨氮/(mg/L)	TN/(mg/L)	TP/(mg/L)
旱地、菜地	3.68	0.15	1.60	0.11
水田	3.87	0.39	1.18	0.07
园地	1.64	0.03	0.32	0.03
林地	1.64	0.03	0.32	0.03

为提高水环境承载力计算方法可操作性，采用简化的面源污染负荷入河率计算方法：

$$D_i = L_{城市} \cdot \frac{S_{城市}}{S_{总}} + L_{农田} \cdot \frac{S_{农田}}{S_{总}} \approx \frac{城镇下垫面不透水率 + 化肥损失率}{2} \tag{7-20}$$

1. 城镇下垫面不透水率

随着城市快速化的发展，城市自身存在的自然下垫面系统被大量人工硬化的下垫面所替代。随着快速的城市化发展，尤其是不透水面的快速增加，导致城市小气候发生了很大的变化。提取研究区的不透水面，主要包括硬化的道路、停车场、房屋等。关于不透水面信息的提取，众多学者做了大量的研究[60]，归纳总结出人工手动解译法、指数法、线性光谱混合分析法及面向对象法等多种方法。为提高信息提取的精确度，本书采用徐涵秋等[61]于 2010 年提出的不透水面指数 NDISI 公式，城镇下垫面不透水率根据下式计算：

$$NDISI = \frac{TIR - (VIS + NIR + MIR)/3}{TIR + (VIS + NIR + MIR)/3} \tag{7-21}$$

$$城镇下垫面不透水率 = (NDISI - NDISI_{min})/(NDISI_{max} - NDISI_{min}) \tag{7-22}$$

式中，NIR 为近红外波段；

　　　MIR 为中红外波段；

　　　TIR 为热红外波段；

　　　VIS 为可见光红、绿、蓝 3 个波段中的任何一个。

本章分别将红、绿、蓝 3 个波段输入式（7-21）进行计算，并分析计算结果发现，当 VIS 取红光波段时，提取效果相对较好，故此处 VIS 采用红光波段。不透水面信息在图像上以亮度的形式表示，不透水面指数越高，像元的亮度越大。

2. 化肥损失率

化肥损失率是指施在土壤中的肥料，在一定时期内，某种营养元素未被作物吸收利用的数量，占总施肥量中该元素施入量的百分比。计算公式如下：

$$化肥损失率 = (总施肥量 - 作物吸收的养分量) \times 100\% / 总施肥量 \tag{7-23}$$

化肥损失率可以通过遥感数据分析确定，其中，植被指标用于反映全球植被环境条件监测和显示土地覆盖及其变化，这些数据可作为模拟全球生物地球化学过程、水文过程及全球或者区域性气候的输入数据，也可用于描述陆地表面生物物理性质及过程，包括初级生产量和土地覆被转换量。

7.3.4 地表水达标断面比率

地表水达标断面比率是衡量国控、省控、市控监测断面水质状况的指标。其中，达标断面个数的确定需要根据生态环境部门统计数据获得监测断面各项指标的监测值，与《地表水环境质量标准》（GB 3838—2002）进行对比，判断其是否达到其水功能区划目标水质要求；当所有指标都满足其目标水质要求，即判断该监测断面达标。计算式如下：

$$地表水达标断面比率 = 水质现状浓度 \times 100\% / 水质目标浓度 \tag{7-24}$$

7.3.5 生态基流保证率

河流生态基流是指维持河流基本形态和基本生态功能，保证水生态系统基本功能正常运转的最小流量。在此流量下，河道可以保证不断流，水生生物群落能够避免受到不可恢复性的破坏。

生态基流保证率是指河流生态基流达标天数占全年的比例。其计算公式为

$$生态基流保证率 = 生态基流保证天数 \times 100\% / 365 \qquad (7\text{-}25)$$

1. 生态基流的计算方法

生态基流的计算方法较多，一般可分为四大类，即水文学法、水力学法、生境模拟法和整体法，其中水文学法和水力学法比较常用。

（1）Tennant 法[62]：Tennant 法属于水文学法中的一种，即将河流多年平均流量的 10%～30% 作为生态基流，该法适用于流量比较大且水文资料系列较长的河流。由于不同的河流河道内环境和生态功能有差异，同一河流的不同河段也有区别，因此，必须根据实际情况选取合理的环境和生态目标来确定流量百分比。Tennant 法计算步骤简单，可快速确定数值，但是没有考虑河流的宽度、水深、流速及形状等水文参数，没有区分标准年、枯水年和丰水年之间的差异，忽略了水生生物对环境的需求，对于流量较小的河流，该法具有一定的局限性。

（2）流量历时曲线法[63]：流量历时曲线法属于水文学法的一种，该法是将 20 年以上的水文观测资料进行整理和统计分析，通过逐月流量历时曲线，以 90% 保证率下的流量作为生态基流，该法适用于水文资料系列达到 20 年以上的河流。流量历时曲线法同样具有简单快速的优点，由于使用了逐月流量历时曲线中的某个频率来确定生态基流，其灵活性更强，可以按照河流水生生物的实际需求确定流量大小，同时也考虑了各月流量间的变化和差异，适用性较强。

（3）保证率法[64]：保证率法属水文学法的一种，一般采用 90% 保证率下最枯月平均流量作为生态基流。保证率法比较适合水量较小，同时开发利用程度较高的河流。要求有较长序列（一般不低于 20 年）的水文观测资料。保证率法计算出来的生态基流在某种意义上维持了河流水质标准，更适合于生态环境需水要求。但保证率法是在流量基础上的一种方法，对水生生态学方面的因素考虑较少。

（4）最枯月流量法[65]：最枯月流量法属水文学法的一种，通常采用最近 10 年最枯月平均流量作为生态基流。最枯月流量法需要的水文观测资料系列较短，其适用范围和局限性与保证率法基本一致，在计算河流纳污能力方面有独特的优势。

2. 数据获取方法

生态基流计算所需数据及其来源见表 7-9。

表 7-9　生态基流计算所需数据及其来源

计算方法	所需数据	数据来源
Tennant 法	河流多年平均流量的 10%~30%	河流多年水文资料
流量历时曲线法	将 20 年以上的水文观测资料进行整理和统计分析，通过逐月流量历时曲线，90%保证率下的流量	一般不低于 20 年的水文观测资料
保证率法	90%保证率下最枯月平均流量	一般不低于 20 年的水文观测资料
最枯月流量法	最近 10 年最枯月平均流量	最近 10 年水文观测资料

7.3.6　水草林地比例

　　土地是人类社会经济活动赖以生存的载体，也是保障粮食安全、提供自然生态服务的基础。城市土地是一类社会-经济-自然的复合生态系统，具有物理属性、生态属性、社会属性和经济属性，为城市提供生产、生活、流通、还原和调控的服务功能。由于城市人口的不断增加，土地的负载越来越重，而快速的城市化、工业化进程也使大量农田和生态用地被占用，导致土地生态服务衰退。这不仅直接影响人类社会的可持续发展，还危及城市水环境安全，对人类生存造成很大的威胁。

　　土地利用是影响河湖水环境质量的主要因子之一，反映了人类活动引起的河岸/湖滨/流域的土地利用变化对河湖健康的影响程度。土地利用类型主要分为耕地、林地、草地、水域、建设用地、农村居民用地及未利用土地等，不同土地利用类型、方式、强度对河湖健康状况的影响不同。

　　土地资源利用及其管理问题已成为制约城市可持续发展的瓶颈之一。城市生态用地能够提供重要的生态系统服务，对改善城市环境、保障城市生态安全和城市健康起着重要的作用。在总结国内外土地分类体系及生态用地研究进展的基础上，探讨城市基本生态用地的概念，并提出以土地生态系统服务为基础的分类体系。

　　水草林地，即河流湖泊水域、草地、林地范围，是生态用地的重要组成，能够直接、间接提供生态系统服务的土地利用类型，其计算参考式（7-26），其中，土地利用类型可依据遥感影像解译的类型图。

$$水草林地比例 = (F + G + R + L) \times 100\% / A \qquad (7-26)$$

式中，F（forest）为林地面积；

　　　G（greensward）为草地面积；

　　　R（river）为河流面积；

　　　L（lake）为湖泊面积；

　　　A（area）为总面积。

7.3.7　岸带高生态功能用地比例

河岸带作为河流生态系统与陆地生态系统进行物质、能量、信息交换的一个重要过渡带，它特殊的位置、结构、功能和水文效应，使其对区域的生态环境产生了一系列重要的影响，对水资源的安全和生态系统的平衡、可持续发展具有重要的作用和研究意义。

良好的河岸带植被覆盖率可以有效减少水土流失、截留污染物质、提高生态环境质量，反映了河岸的绿化程度。岸带高生态功能用地比例是指"河岸带植被总面积占河岸带总面积的百分比"，可表述为式（7-27）。其中，河岸带定义为河流周围100m的缓冲区。

$$岸带高生态功能用地比例 = RVA \times 100\%/RA \qquad (7\text{-}27)$$

式中，RVA（riparian vegetation area）是指河岸带植被总面积；

RA（riparian area）是指河岸带总面积。

7.3.8　水质达标保证率

水质达标保证率是衡量国控、省控、市控监测断面目标水质与现状水质的差值，用以评估水质恶化时出现不达标情况的比率。计算公式如下：

$$水质达标保证率 = (目标水质 – 现状水质) \times 100\%/水质目标浓度 \quad (7\text{-}28)$$

公式中各参数可通过环境统计数据获得。

第8章 城市水环境综合质量评估方法

8.1 评估模型概述

城市水环境综合质量评估是从水环境的角度出发，研究水环境与人口、经济、社会等因素的适应性及可持续发展能力，将城市水环境质量评估划分为水资源系统、用水系统、排水系统和水质系统等四个子评估系统，综合反映城市人口、经济、水环境之间的相互协调程度。

8.1.1 指标筛选

目前，常用的指标筛选方法有定性筛选和定量筛选两种方法[66]。定性筛选方法如专家咨询法、理论分析法等侧重于根据人的经验判断，一般由经验丰富的专家学者进行筛选，有较大的灵活性，能够充分发挥人的主观能动作用。但由于不同的人经验体会不同，对指标的筛选存在一定的差异，方法易受主观因素影响。

定量筛选方法如主成分分析法、层次分析法等[67, 68]，既有按一定的标准对已有指标群进行聚类分析，使其系统化的指标体系筛选方法，又有将要衡量的对象分为若干部分，逐步细化，直到能够用具体的指标来衡量的方法。通过利用数学统计方法有效区分指标，提高了方法的客观性和科学性，但也存在指标体系不唯一或可能偏离实际经验的缺陷。在实际应用中，通常将定性筛选与定量筛选方法相结合，相互补充、修正，提高指标体系的精度[69]。

筛选指标要充分考虑指标的可得性、全面性及代表性，并尽可能地简化指标体系。城市水环境综合质量评估指标筛选以客观反映城市水环境有关内容，以尽可能地全面覆盖评价因素为原则，初步筛选出与城市水环境系统相关的指标。并在此基础上采用专家咨询法和层次分析法确定出最终指标，使指标体系更具代表性，评价结果更为准确。

8.1.2 数据预处理

1. 指标同向化

指标体系综合评价中，一般存在三种指标，即正向指标、负向指标和适度指标。正向指标即是指标数值越大越有利于评价结果；负向指标则是指标数值越大越不利于评价结果；适度指标是存在适度值（k），越接近这个值越有利于评价结果。为了使所有的指标都能从同一角度反映评价目的，需要将指标进行同向化[70, 71]。对于负向指标，同向化方法主要为倒数法：

$$x' = \frac{1}{x} \tag{8-1}$$

式中，x' 为正向化后的指标；

x 为原指标。

对于适度指标，具体同向化公式如下：

$$x' = \frac{1}{1+|x-k|} \tag{8-2}$$

式中，x' 为正向化后的指标；

x 为原指标；

k 为适度值。

2. 指标无量纲化

在多指标的综合评价中总是会存在不同变量，且这些变量的单位和数量级往往差别很大，无法直接进行综合分析。因此，需要对指标数据进行无量纲化处理[72]，将数据实际值转化为评价值，消除计量单位和数量级对评价结果的影响，使各个指标的数据统一起来，以便对其进行综合分析。指标无量纲化的常用方法主要有极值法、标准化法、比重法等[73-75]。

1）极值法

极值法通过将指标的实际值与极值进行比较，得到指标的评价值，去量纲后数值在[0, 1]，且正向、负向指标均转化为正向，指标值之间的可比性强。计算公式如下：

$$y_i = \begin{cases} \dfrac{x_i - x_{i\min}}{x_{i\max} - x_{i\min}} & x_i \text{为正向指标} \\[3mm] \dfrac{x_{i\max} - x_i}{x_{i\max} - x_{i\min}} & x_i \text{为负向指标} \end{cases} \tag{8-3}$$

式中，y_i 为指标 i 去量纲后的值；

x_i 为指标 i 的实际值；

$x_{i\max}$ 为指标 i 的最大值；

$x_{i\min}$ 为指标 i 的最小值。

2）标准化法

标准化法是将指标的实际值与指标的平均值做差，再除以该指标的标准差。

处理后的指标平均值为 0，标准差为 1，正向、负向指标方向没有发生变化，这种方法适用于原始数据呈正态分布的指标。具体计算公式为

$$y_i = \frac{x_i - \overline{x}}{S}$$ （8-4）

式中，

指标平均值 $\overline{x} = \dfrac{1}{m} \sum\limits_{i=1}^{m} x_i$，$m$ 为指标个数；

指标标准差 $S = \sqrt{\dfrac{1}{m-1} \sum\limits_{i=1}^{m} (x_i - \overline{x})^2}$。

3）比重法

比重法是将指标的实际值除以所有指标的和，处理后的数据较好地保留了原指标数据之间的关系和差异性，计算公式为

$$y_i = \frac{x_i}{\sum\limits_{i=1}^{m} x_i}$$ （8-5）

式中，m 为指标个数。

8.1.3　指标权重

由于水环境系统的特征差异，各指标对评价城市水环境质量的重要程度不同。为综合反映城市水环境质量，需对指标赋予不同的权重，以期获得准确的综合评估结果。

权重的赋值方法分为主观赋值法和客观赋值法两大类。主观赋值法主要包括专家打分法、专家排序法等；客观赋值法主要有主成分分析法[76]、熵值法等[77]。由于不同的人对于指标的理解存在一定的差异，故主观赋值法通常带有较强的随意性。客观赋值法可以减少主观随意性，但是其权值过于依赖指标现有数据，变化性较强，不能稳定地反映指标在体系中的重要程度。

20 世纪 70 年代，美国运筹学家萨蒂提出了层次分析法（analytic hierarchy process，AHP）[78]，该方法将定性分析和定量分析相结合[79]，通过对评价系统的主观感受分层次地建立评价体系，构建分析评价体系的判断矩阵，对权重进行计算，再经一致性检验后，得到客观反映实际情况的计算结果，为多指标、多要素决策提供支撑[80-82]。

尽管层次分析法不能完全避免权重确定过程中的主观性，但可通过多层次分别赋权，达到减少多余指标、降低赋权失误、简化预测过程并提高准确性[83]的目的。因此，在城市水环境综合质量评估中采用专家咨询和层次分析相结合的方法对权重进行赋值。具体步骤如下。

1. 建立城市水环境系统指标体系的层次模型

在城市水环境质量评价中，建立包含目标层、准则层和指标层等三个层级的结构模型。

2. 构造各层级的判断矩阵

在确定城市水环境各层级、各因素之间的权重时，需要构造判断矩阵对相关元素进行两两比较。一般对于判断矩阵 a_{ij} 采用 1-9 标度法，具体见表 8-1。

表 8-1 判断矩阵 a_{ij} 标度方法

标度	含义
1	表示两个因素相比具有相同的重要性
3	表示两个因素相比，一个因素比另一个因素稍微重要
5	表示两个因素相比，一个因素比另一个因素明显重要
7	表示两个因素相比，一个因素比另一个因素强烈重要
9	表示两个因素相比，一个因素比另一个因素极端重要
2，4，6，8	表示结余上述两个判断矩阵中间的情况
倒数	因素 i 与 j 的比较判断 a_{ij}，则因素 j 与 i 的比较判断 $a_{ji} = 1/a_{ij}$

据此，采用专家咨询法将各层级指标进行一一对比，并参照表 8-1 对指标赋值后，建立指标体系的判断矩阵，设某一准则层下的判断矩阵为 $A_{n \times n}$。

$$A_{n \times n} = \begin{bmatrix} a_{11} & a_{12} & \cdots & a_{1n} \\ a_{21} & a_{22} & \cdots & a_{2n} \\ \vdots & \vdots & & \vdots \\ a_{n1} & a_{n2} & \cdots & a_{nn} \end{bmatrix}, \quad a_{ij} > 0, \quad a_{ij} = \frac{1}{a_{ji}} \tag{8-6}$$

式中，$i, j = 1, 2, 3, \cdots, n$。

3. 计算权重

通过计算判断矩阵的特征向量对权重进行计算。以判断矩阵 $A_{n \times n}$ 为例，设其特征向量为 W，那么 W 是对层次 A 中各个指标权重的分配。

（1）将判断矩阵归一化：

$$b_{ij} = \frac{a_{ij}}{\sum a_{ij}} \quad (i, j = 1, 2, 3, \cdots, n) \tag{8-7}$$

（2）将正规化的矩阵按行相加：

$$w_i' = \sum_{j=1}^{n} b_{ij} \quad (i, j = 1, 2, 3, \cdots, n) \tag{8-8}$$

（3）计算权重向量：

$$w_i = \frac{w_i'}{\sum\limits_{j=1}^{n} w_j} \qquad (i, j = 1, 2, 3, \cdots, n) \qquad （8-9）$$

向量 $W = (W_1, W_2, \cdots, W_n)$ 即为所求向量。

（4）计算矩阵的最大特征根：

设判断矩阵的最大特征根为 λ_{max}，那么

$$\lambda_{max} = \sum_{i=1}^{n} \frac{(bw)_j}{nw_i} \qquad （8-10）$$

式中，n 为判断矩阵的阶数。

4. 一致性检验和误差分析

一致性检验用于判断权重近似解的误差是否在允许范围内。当 n 阶矩阵的非零特征根 n 与最大特征根 λ_{max} 相等时，说明该矩阵为一致性矩阵。λ_{max} 与 n 的值相差越大，表明判断矩阵的不一致性越大，引起的误差越大，可借此判断矩阵的一致性。定义判断矩阵的一致性检验指标为 CI，计算公式如下：

$$CI = \frac{\lambda_{max} - n}{n - 1} \qquad （8-11）$$

CI 的值越接近 0，判断矩阵的一致性越高。当 CI＜0.1 时，判断矩阵具有满意的一致性。当 CI 等于 0 时，判断矩阵具有完全一致性。

由于不同阶数矩阵导致判断矩阵修正系数不一致，故引入随机一致性指标 RI，用一致性比例来解决此问题。具体数值参见表 8-2。

表 8-2　随机一致性指标

n	RI
1	0
2	0
3	0.58
4	0.90
5	1.12
6	1.24
7	1.32
8	1.41
9	1.45
10	1.49
11	1.51

$$CR = \frac{CI}{RI} \qquad (8\text{-}12)$$

对于阶数大于等于 3 的判断矩阵，当 $CR < 0.1$ 时，矩阵的一致性在可以接受的范围内，其归一化的特征向量可作为权重向量，否则，需重新构造判断矩阵。

5. 层次组合权重

通过上述计算得出各指标相对于上一层级的权重，将层级组合，可得出各指标相对于目标层的权重。设最高层为 A，其下一层为 B，有 $B_1, B_2, B_3, \cdots, B_m$ 等具体指标，B 的指标权重向量为 $W = \{b_1, b_2, b_3, \cdots, b_m\}$；B 层的下一层为 C 层，有 $C_1, C_2, C_3, \cdots, C_n$ 等具体指标，则 C 层第 i 个因素对总目标的权重为

$$W_c = \sum_{j=1}^{m} b_j C_{ij} \qquad (8\text{-}13)$$

8.1.4　常用评价方法

近年来，综合评价技术在理论研究和实践应用方面都取得很大进展，从最初的评分评价、组合指标评价、功效系数法[84]，到多元统计评分法、灰色系统评价法[85]，再到数据包络分析[86]、人工神经网络法[87]等，各种评价方法都有各自的特点及适用条件。应用时，需针对评价内容和目标，选择适当的评价方法。

综合指数法是对各指标的数据进行分析整理，加以一定的运算，得出一个综合指数来代表统计结果。常用综合指数法的数学模式见表 8-3。

表 8-3　常见水环境评价综合指数法的数学模式

名称	表达式	符号解释
幂指数法	$S_j = \prod\limits_{i=1}^{m} I_{i,j}^{w_i}, \ 0 < I_{i,j} \leqslant 1$ $\sum\limits_{i=1}^{m} W_i = 1$	
加权平均法	$S_j = \sum\limits_{i=1}^{m} W_i S_i$	$S_{i,j}$ 为 i 指标在 j 点的评价指数 $I_{i,j}$ 为 i 指标在 j 点的评价指数 W_i 为 i 指标的权重值
向量模法	$S_j = \sqrt{\sum\limits_{i=1}^{m} S_{i,j}^2}$	
算术平均法	$S_j = \frac{1}{m} \sum\limits_{i=1}^{m} S_{i,j}$	

8.2　评　估　方　法

8.2.1　指标体系构建

1. 构建原则

综合性：从城市水资源状况、耗水、排水情况等多方面综合考虑，选择能够充分反映城市水环境现状、具有代表性的城市水环境指标。

科学性：城市水环境评价指标体系的筛选方法、构成要素和层次关系都应当科学合理。

可比性：评价指标数据的收集方法应当统一，使城市水环境质量在参评城市范围内具有可比性。

可行性：指标数据应能直接获取或仅需经过简单变化、计算获取，充分考虑城市的数据收集与监测能力。

2. 构建方法

建立一个科学、合理、简单易懂的城市水环境质量评估体系是评价结果准确可靠的基本保证，也是构建城市水环境分类分级方法研究的必要前提。因此，构建城市水环境指标体系应当理清思路，明确指标确立原则，选取科学的指标和适当的评价方法。

为了保证评估结果的客观性和公正性，引用数据的来源需满足可靠性、可得性、易理解、易推广和易比对的特点。基础数据应优先选取来源于国家部、委、局及地方政府公开发布的城市统计数据；基础指标优先选取来源于国家统计局发布的《中国城市建设统计年鉴》《中国城市统计年鉴》《中国环境统计年鉴》等文件中的指标。

依据指标筛选原则，在充分借鉴国内外成熟案例，并广泛征求专家意见的基础上，从水资源情况、用水情况、污水排放情况和水质情况四个方面出发，构建城市水环境质量评估指标备选集，筛选指标涉及三个层次、四个大类，共 11 项，见表 8-4。

表 8-4　城市水环境评价指标体系

目标层（A）	准则层（B）	指标层（C）	属性
城市水环境综合质量	水资源系统	人均水资源量	正向
		地均水资源量	正向
	用水系统	单位 GDP 用水量	负向
		人均用水量	负向
		地均用水量	负向

目标层（A）	准则层（B）	指标层（C）	属性
城市水环境综合质量	污水排放系统	单位 GDP 污水排放量	负向
		人均污水排放量	负向
		地均污水排放量	负向
		污水处理厂集中处理率	正向
	水质系统	国控断面水质达标率	正向
		水质评价得分	正向

指标描述如下：

1）人口、面积、GDP

人口是指一定时期在某区域内所有生命的个数总和，包括城镇人口和乡村人口。

全市面积是指城市行政区域内（不含市辖县和市辖市）的全部土地面积（含水域面积）。城市面积由市区面积和郊区面积两部分组成。

地区生产总值（GDP）是指该地区所有常驻单位在一定时期（通常为一年）内生产的最终产品和劳务总量的货币表现。

2）水资源量

水资源量是指当地降水形成的地表和地下产水总量，即地表径流量、降水入渗补给量之和。地表水资源量是指河流、湖泊、冰川等地表水体可逐年更新的动态水量，即天然河川径流量。地下水资源量是指地下饱和含水层逐年更新的动态水量，即降水和地表水入渗对地下水的补给量。

$$人均水资源量 = 水资源总量/全市年末总人口 \qquad (8-14)$$

$$地均水资源量 = 水资源总量/全市面积 \qquad (8-15)$$

人均水资源量和地均水资源量分别指单位人口和单位面积所拥有的水资源量，是考察市区人口、面积与水资源量之间关系的指标。

3）用水情况

用水情况指各类用水户取用的包括输水损失在内的毛水量，包括农业用水、工业用水、生活用水和生态补水。

$$单位 GDP 用水量 = 全市用水总量/地区 GDP 总量 \qquad (8-16)$$

$$人均用水量 = 全市用水总量/全市年末总人口 \qquad (8-17)$$

$$地均用水量 = 全市用水总量/全市面积 \qquad (8-18)$$

单位 GDP 用水量反映每创造一万元产值所需的新鲜水量，是考察城市用水量与经济发展适应关系的指标。人均用水量和地均用水量是指城市单位人口和单位面积污水排放量，是考察城市用水量的指标。城市排水是指城市中对生活污水、产业废水（工业废水）和雨水的排除行为，包括公共排水和自建排水。

污水处理厂是指在城市或工业区，城市污水（生活污水、工业废水和雨水）通过排水管道集中于一个或几个处所，并利用污水处理系统对其进行处理，处理后的污水和污泥按要求排放入水体或再生利用。本书中污水处理厂排水不包括氧化塘、渗水井、化粪池及改良化粪池设备出水。

$$单位 GDP 污水排放量 = 全市污水排放总量/地区 GDP 总量 \qquad (8\text{-}19)$$
$$人均污水排放量 = 全市污水排放量/全市年末总人口 \qquad (8\text{-}20)$$
$$地均污水排放量 = 全市污水排放量/全市面积 \qquad (8\text{-}21)$$
$$污水处理厂集中处理率 = 污水处理量/污水排放总量 \qquad (8\text{-}22)$$

单位 GDP 污水排放量是指每创造一万元产值所排的废水量，是考察城市排水量与经济发展适应关系的指标。人均污水排放量和地均污水排放量是指城市单位人口和单位面积污水排放量，是考察城市污水排水的指标。污水处理厂集中处理率是指城市市区经过城市集中污水处理厂二级或二级以上处理且达到排放标准的城市生活污水量与城市生活污水排放总量的百分比。

4）水质情况

国控断面水质达标率是指国控断面实测水质类别优于或符合目标水质要求的国控断面数量占国控断面总数的比例。

水质评价得分按照《地表水环境质量评价方法（试行）》中的水质状况赋分标准计算判断，具体数值见表 8-5。

表 8-5　河流、流域（水系）水质定性评价分级

序号	水质类别比例	水质状况	表征颜色
1	Ⅰ～Ⅲ类水质比例≥90%	优	蓝色
2	75%≤Ⅰ～Ⅲ类水质比例<90%	良好	绿色
3	Ⅰ～Ⅲ类水质比例<75%，且劣Ⅴ类比例<20%	轻度污染	黄色
4	Ⅰ～Ⅲ类水质比例<75%，且 20%≤劣Ⅴ类比例<40%	中度污染	橙色
5	Ⅰ～Ⅲ类水质比例<60%，且劣Ⅴ类比例≥40%	重度污染	红色

注：数据来源于《地表水环境质量评价方法（试行）》（环办〔2011〕22 号）。各等级赋分：优（100 分）、良好（80 分）、轻度污染（60 分）、中度污染（40 分）、重度污染（20 分）。

8.2.2　评估模型构建

1. 计算指标权重

采用层次分析法对指标权重进行计算，计算结果和一致性判定见表 8-6～表 8-10，最终计算得到的权重见表 8-11。

表 8-6　水资源情况判断矩阵

水资源情况	人均水资源量	地均水资源量	W_i
人均水资源量	1	1	0.5
地均水资源量	1	1	0.5

注：判断矩阵 $n=2$ 时，不进行一致性检验。

表 8-7　用水情况判断矩阵

用水情况	单位 GDP 用水量	人均用水量	地均用水量	W_i
单位 GDP 用水	1	1	1	0.3333
人均用水量	1	1	1	0.3333
地均用水量	1	1	1	0.3333

注：判断矩阵 $n=3$，$\lambda_{max}=3.0$，一致性检验结果 CR $=0<0.1$，通过检验。

表 8-8　污水排放情况判断矩阵

污水排放情况	单位 GDP 污水排放量	人均污水排放量	地均污水排放量	污水处理厂集中处理率	W_i
单位 GDP 污水排放量	1	1	1	0.25	0.1429
人均污水排放量	1	1	1	0.25	0.1429
地均污水排放量	1	1	1	0.25	0.1429
污水处理厂集中处理率	4	4	4	1	0.5714

注：判断矩阵 $n=3$，$\lambda_{max}=4.0$，一致性检验结果 CR $=0<0.1$，通过检验。

表 8-9　水质情况判断矩阵

水质情况	国控断面水质达标率	水质评价得分	W_i
国控断面水质达标率	1	1	0.5
水质评价得分	1	1	0.5

注：判断矩阵 $n=2$ 时，不进行一致性检验。

表 8-10　准则层判断矩阵

城市水环境综合质量	水资源情况	用水情况	污水排放情况	水质情况	W_i
水资源情况	1	1/3	1/3	1/3	0.0979
用水情况	3	1	1	1/3	0.2104
污水排放情况	3	1	1	1/3	0.2104
水质情况	3	3	3	1	0.4813

注：判断矩阵 $n=4$，$\lambda_{max}=4.1554$，一致性检验结果 CR $=0.0582<0.1$，通过检验。

表 8-11　指标体系综合权重

目标层（A）	准则层（B）	W_B	指标层（C）	W_C	W_i
城市水环境综合质量	水资源系统	0.0979	人均水资源量	0.5000	0.0490
			地均水资源量	0.5000	0.0490
	用水系统	0.2104	单位 GDP 用水量	0.3333	0.0701
			人均用水量	0.3333	0.0701
			地均用水量	0.3333	0.0701
	污水排放系统	0.2104	单位 GDP 污水排放量	0.1429	0.0301
			人均污水排放量	0.1429	0.0301
			地均污水排放量	0.1429	0.0301
			污水处理厂集中处理率	0.5714	0.2102
	水质系统	0.4813	国控断面水质达标率	0.5000	0.2407
			水质评价得分	0.5000	0.2407

2. 评价步骤

1）指标同向化处理

准则层因子集为 $B_1 = (C_1, C_2)$，$B_2 = (C_3, C_4, C_5)$，$B_3 = (C_6, C_7, C_8, C_9)$，$B_4 = (C_{10}, C_{11})$，指标体系中人均水资源量、地均水资源量和污水处理厂集中处理率均为正向型指标，其余指标均为负向型指标。采用倒数法［式（8-1）］对负向型指标进行同向化处理。

2）准则层归一化处理

数据采用均值化方法进行无量纲化处理，既保留各个变量取值的差异范围，又可以使各个指标的数据统一起来。去量纲后各个指标的均值都为 1。

$$C_i'' = \frac{C_i'}{\overline{C_i}} \qquad (8-23)$$

式中，$\overline{C_i}$ 为第 i 个指标的平均值；C_i'' 为第 i 个城市无量纲处理后的指标层因子。

数据进行无量纲化处理后，准则层的得分可引入权重进行计算，则

$$\mathrm{WRI_B} = \sum C_i'' \times W_i \qquad (8-24)$$

式中，W_i 为第 i 个指标的权重；$\mathrm{WRI_B}$ 为第 i 个城市的准则层得分。

3）综合评价得分计算

根据上述计算结果，可得到所有城市水环境综合评价得分 WRI，计算公式为

$$\mathrm{WRI} = \sum \mathrm{WRI_B} \times W_B \qquad (8-25)$$

式中，W_B 为准则层的权重，其确定方法同上。可计算出城市的水环境综合评价得分 WRI。

8.2.3　城市分级方法构建

根据上述评估模型计算得到参评城市的水环境综合评价得分，对综合评价得分 WRI 的大小进行等级划分，建立城市水环境综合质量整体评价"优秀、良好、中等、较差" 4 个等级序列，对城市水环境质量进行评价。

利用 ArcGIS 软件中的 Classification 功能对所有地级以上城市的得分进行等级划分，涉及的分类方法见表 8-12。

表 8-12　ArcGIS 软件中主要分类方法

分类方法	分类思想
手工分类（manual）	手动添加分类间隔
等间距分类（equal）	将属性值的范围划分为若干个大小相等的子范围
自定义间隔分类（defined interval）	自定义分类的间隔
分位数分类（quantile）	根据分位数为每个类分配数量相等的数据值
自然断点分类（natural breaks/jenks）	基于数据中固有的自然分组。将对分类间隔加以识别，可对相似值进行最恰当的分组，并可使各个类之间的差异最大化
标准差分类（standard deviation）	使用与标准差成比例的等值范围创建分类间隔——间隔通常为 1 倍、1/2 倍、1/3 倍或 1/4 倍的标准差

分级方法的确定采用自然断点法（natural break），该方法是 GIS 技术中常用的分级方法。根据数据的分布规律，将数据集中不连续的位置作为数据集合的判定依据，其实质是对数据进行聚类分析，使组内的方差和最小，组间的方差和最大，达到组内数据差异最小、组间数据差异最大的效果。使用 ArcGIS 10.0 对数据进行分级，操作界面如图 8-1 所示，分级阈值见表 8-13。

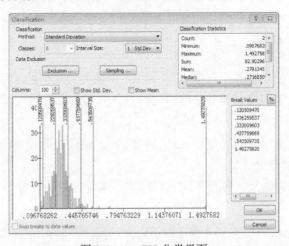

图 8-1　ArcGIS 分类界面

表 8-13 城市水环境综合质量得分分级表

等级	得分范围	评价结果
优秀	>0.438	城市水环境综合质量优秀,水资源利用可持续性强
良好	0.333~0.438	城市水环境综合质量良好,水资源利用可持续性较强
中等	0.226~0.332	城市水环境综合质量一般,水资源利用可持续性较弱
较差	<0.226	城市水环境综合质量很差,水资源利用可持续性很弱

8.2.4 城市分类方法构建

1. 指标层城市分级

为了解参评城市的水环境发展状况,分析不同指标对评价结果的影响,找出不同城市在发展过程中的水环境短板,需对参评城市进行分类,并对其水资源量、用水量、污水排放量和水质情况进行等级划分。根据水资源量、用水量、污水排放量和水质情况得分,采用 ArcGIS 中的分位数法(quantile)进行分级。其分类阈值见表 8-14。

表 8-14 水资源量、用水量、污水排放量和水质情况分级表

指标	等级	分类值	评价结果
水资源量	优秀	>0.131	水资源量丰富
	良好	0.061~0.131	水资源量较丰富
	中等	0.023~0.061	水资源量中等
	较差	<0.023	水资源量匮乏
用水量	优秀	>0.234	用水量少
	良好	0.131~0.234	用水量较少
	中等	0.071~0.131	用水量一般
	较差	<0.071	用水量多
污水排放量	优秀	>0.317	污水排放量少
	良好	0.272~0.317	污水排放量较少
	中等	0.248~0.272	污水排放量一般
	较差	<0.248	污水排放量大
水质情况	优秀	>0.628	水质优秀
	良好	0.533~0.628	水质良好
	中等	0.357~0.533	水质一般
	较差	<0.357	水质很差

2. 城市分类方法

对参评城市的水资源量、用水量和污水排放量进行等级划分，建立城市水环境综合质量评估集$\{R_{水资源量}, R_{排水量}, R_{污水排放量}, R_{水质}\}$，每个坐标分量又细分为"优、良、中、差"四个等级。这样，m个参评城市就可以构成城市水环境综合质量评价坐标矩阵。

$$\begin{bmatrix} R_{水资源量1} & R_{用水量1} & R_{污水排放量1} & R_{水质1} \\ \vdots & \vdots & \vdots & \vdots \\ R_{水资源量m} & R_{用水量m} & R_{污水排放量m} & R_{水质m} \end{bmatrix}$$

对参评城市的综合质量评估集进行分析，将其中最差（即评语为"差"）的指标作为该城市水环境发展中的主要问题进行进一步分析。将水资源量指标评语为"差"的城市列为"水资源匮乏型"城市；用水量指标评语为"差"的城市列为"用水过度型"城市；污水排放量指标为"差"的城市列为"污染严重型"城市。若一个城市存在水资源指标、用水量指标、污水排放量指标和水质指标中两个或两个以上指标评语为"差"的情况，这样的城市列为"综合型"城市，综合型城市又分为综合Ⅱ型和综合Ⅲ型城市，综合Ⅱ型城市有两项指标评价为"差"，综合Ⅲ型城市有三项指标评价为差。而评语中没有出现"差"的城市则被列为"评价良好型"城市。

8.3 应 用 实 例

8.3.1 参评城市概况及数据说明

1. 参评概况

本次评价以 2012 年数据为例，涉及参评的 288 个地级及以上城市总人口为 12.53 亿人，占全国人口的 93.98%；总面积为 497.70 万 km²，占全国总面积的 51.84%。参评城市主要分布在我国东北、华北、长江中下游地区。未评价城市主要位于吉林、黑龙江、湖北、湖南、四川、贵州、云南、西藏、青海、新疆等省、自治州、县级市、林区。评价区域城市见表 8-15。

表 8-15 评价区域城市列表

省（区、市）	城市
北京市	北京市
天津市	天津市

续表

省（区、市）	城市
河北省	石家庄市、唐山市、秦皇岛市、邯郸市、邢台市、保定市、张家口市、承德市、沧州市、廊坊市、衡水市
山西省	太原市、大同市、阳泉市、长治市、晋城市、朔州市、晋中市、运城市、忻州市、临汾市、吕梁市
内蒙古自治区	呼和浩特市、包头市、乌海市、赤峰市、通辽市、鄂尔多斯市、呼伦贝尔市、巴彦淖尔市、乌兰察布市
辽宁省	沈阳市、大连市、鞍山市、抚顺市、本溪市、丹东市、锦州市、营口市、阜新市、辽阳市、盘锦市、铁岭市、朝阳市、葫芦岛市
吉林省	长春市、吉林市、四平市、辽源市、通化市、白山市、松原市、白城市
黑龙江省	哈尔滨市、齐齐哈尔市、鸡西市、鹤岗市、双鸭山市、大庆市、伊春市、佳木斯市、七台河市、牡丹江市、黑河市、绥化市
上海市	上海市
江苏省	南京市、无锡市、徐州市、常州市、苏州市、南通市、连云港市、淮安市、盐城市、扬州市、镇江市、泰州市、宿迁市
浙江省	杭州市、宁波市、温州市、嘉兴市、湖州市、绍兴市、金华市、衢州市、舟山市、台州市、丽水市
安徽省	合肥市、芜湖市、蚌埠市、淮南市、马鞍山市、淮北市、铜陵市、安庆市、黄山市、滁州市、阜阳市、宿州市、六安市、亳州市、池州市、宣城市
福建省	福州市、厦门市、莆田市、三明市、泉州市、漳州市、南平市、龙岩市、宁德市
江西省	南昌市、景德镇市、萍乡市、九江市、新余市、鹰潭市、赣州市、吉安市、宜春市、抚州市、上饶市
山东省	济南市、青岛市、淄博市、枣庄市、东营市、烟台市、潍坊市、济宁市、泰安市、威海市、日照市、莱芜市、临沂市、德州市、聊城市、滨州市、菏泽市
河南省	郑州市、开封市、洛阳市、平顶山市、安阳市、鹤壁市、新乡市、焦作市、濮阳市、许昌市、漯河市、三门峡市、南阳市、商丘市、信阳市、周口市、驻马店市
湖北省	武汉市、黄石市、十堰市、宜昌市、襄阳市、鄂州市、荆门市、孝感市、荆州市、黄冈市、咸宁市、随州市
湖南省	长沙市、株洲市、湘潭市、衡阳市、邵阳市、岳阳市、常德市、张家界市、益阳市、郴州市、永州市、怀化市、娄底市
广东省	广州市、韶关市、深圳市、珠海市、汕头市、佛山市、江门市、湛江市、茂名市、肇庆市、惠州市、梅州市、汕尾市、河源市、阳江市、清远市、东莞市、中山市、潮州市、揭阳市、云浮市
广西壮族自治区	南宁市、柳州市、桂林市、梧州市、北海市、防城港市、钦州市、贵港市、玉林市、百色市、贺州市、河池市、来宾市、崇左市
海南省	海口市、三亚市
重庆市	重庆市
四川省	成都市、自贡市、攀枝花市、泸州市、德阳市、绵阳市、广元市、遂宁市、内江市、乐山市、南充市、眉山市、宜宾市、广安市、达州市、雅安市、巴中市、资阳市
贵州省	贵阳市、六盘水市、遵义市、安顺市、毕节市、铜仁市

省（区、市）	城市
云南省	昆明市、曲靖市、玉溪市、保山市、昭通市、丽江市、普洱市、临沧市
西藏自治区	拉萨市
陕西省	西安市、铜川市、宝鸡市、咸阳市、渭南市、延安市、汉中市、榆林市、安康市、商洛市
甘肃省	兰州市、嘉峪关市、金昌市、白银市、天水市、武威市、张掖市、平凉市、酒泉市、庆阳市、定西市、陇南市
青海省	西宁市
宁夏回族自治区	银川市、石嘴山市、吴忠市、固原市、中卫市
新疆维吾尔自治区	乌鲁木齐市、克拉玛依市

2. 数据说明

本次评估使用的原始数据来源包括：

（1）《中国城市建设统计年鉴》；

（2）《中国城市统计年鉴》；

（3）《中国环境统计年鉴》；

（4）《中国人口统计年鉴》；

（5）各省市水资源公报；

（6）国家统计局网站 http://www.stats.gov.cn/。

8.3.2　分级结果与差异分析

1. 分级结果

根据城市水环境综合质量评估模型，计算参评城市的水环境综合质量得分，计算结果见表 8-16。

表 8-16　参评城市水环境综合质量得分

名次	城市	水资源量得分	用水量得分	污水排放量得分	水质得分	综合得分
1	黑河市	0.0469	2.0865	0.4982	0.6515	0.8620
2	拉萨市	2.8480	0.0469	0.7305	0.6515	0.7559
3	庆阳市	0.0280	1.1162	1.0518	0.4485	0.6748
4	呼伦贝尔市	0.2072	1.7260	0.4768	0.2610	0.6094
5	酒泉市	0.0206	1.3703	0.4692	0.4485	0.6049

续表

名次	城市	水资源量得分	用水量得分	污水排放量得分	水质得分	综合得分
6	安康市	0.0957	0.6704	0.6619	0.6515	0.6032
7	定西市	0.0324	1.1683	0.6516	0.4485	0.6019
8	达州市	0.1871	0.2992	1.4605	0.4339	0.5974
9	临沧市	0.1313	0.9903	0.2529	0.6515	0.5880
10	榆林市	0.0164	0.9753	0.3136	0.6515	0.5863
11	鄂尔多斯市	0.0361	1.0387	0.6410	0.4666	0.5815
12	毕节市	0.1243	0.8026	0.2943	0.6515	0.5565
13	宁德市	0.2077	0.6511	0.3522	0.6515	0.5450
14	商洛市	0.0389	0.7148	0.3541	0.6515	0.5423
15	普洱市	0.2295	0.7047	0.2604	0.6515	0.5391
16	铜仁市	0.1062	0.4120	0.5781	0.6515	0.5323
17	昭通市	0.0822	0.6136	0.3643	0.6515	0.5273
18	中卫市	0.0032	0.6532	0.2905	0.6515	0.5124
19	广元市	0.1231	0.2140	0.6503	0.6515	0.5075
20	固原市	0.0079	0.5771	0.2875	0.6515	0.4963
21	三亚市	0.1765	0.0198	0.8788	0.5841	0.4875
22	武威市	0.0248	0.4089	0.3895	0.6515	0.4840
23	崇左市	0.1401	0.5542	0.1677	0.6515	0.4792
24	汉中市	0.1173	0.3814	0.3453	0.6515	0.4780
25	巴中市	0.1585	0.3374	0.8095	0.4339	0.4656
26	遵义市	0.1092	0.3134	0.3401	0.6515	0.4618
27	河池市	0.1814	0.4270	0.1841	0.6515	0.4599
28	信阳市	0.0246	0.3860	0.2949	0.6515	0.4592
29	三门峡市	0.0223	0.3846	0.2815	0.6515	0.4559
30	黄山市	0.2588	0.1140	0.4071	0.6515	0.4486
31	张家界市	0.1829	0.1622	0.3932	0.6515	0.4483
32	六安市	0.0494	0.2573	0.3490	0.6515	0.4460
33	内江市	0.2915	0.2461	0.2443	0.6515	0.4453
34	忻州市	0.0086	0.3819	0.2196	0.6515	0.4409
35	咸宁市	0.1479	0.2196	0.3095	0.6515	0.4394
36	玉林市	0.1271	0.2040	0.3334	0.6515	0.4391

名次	城市	水资源量得分	用水量得分	污水排放量得分	水质得分	综合得分
37	松原市	0.0505	0.2099	0.3592	0.6515	0.4382
38	安顺市	0.1215	0.2545	0.2785	0.6515	0.4376
39	宣城市	0.1391	0.2906	0.2304	0.6515	0.4368
40	晋城市	0.0111	0.2999	0.2796	0.6515	0.4366
41	吉安市	0.1957	0.3985	0.2622	0.5776	0.4362
42	白城市	0.0426	0.2784	0.2673	0.6515	0.4326
43	南充市	0.2402	0.1531	0.2937	0.6515	0.4311
44	漳州市	0.1169	0.2731	0.2290	0.6515	0.4307
45	丽水市	0.3250	0.1821	0.2228	0.6515	0.4306
46	长沙市	0.1159	0.0658	0.4342	0.6515	0.4301
47	百色市	0.1270	0.2656	0.2212	0.6515	0.4284
48	赣州市	0.1817	0.3131	0.1476	0.6515	0.4283
49	许昌市	0.0135	0.2344	0.2991	0.6515	0.4271
50	金华市	0.1625	0.2062	0.2575	0.6515	0.4270
51	吕梁市	0.0100	1.1292	0.3665	0.2313	0.4270
52	贺州市	0.1879	0.2307	0.2203	0.6515	0.4268
53	鹰潭市	0.2682	0.1586	0.2546	0.6515	0.4268
54	保山市	0.1640	0.3379	0.1157	0.6515	0.4250
55	来宾市	0.1421	0.2400	0.2231	0.6515	0.4249
56	桂林市	0.2349	0.1187	0.3012	0.6515	0.4249
57	德阳市	0.2552	0.1663	0.2387	0.6515	0.4238
58	宜春市	0.1912	0.2977	0.3024	0.5776	0.4230
59	乐山市	0.1478	0.1920	0.2528	0.6515	0.4216
60	泰安市	0.0215	0.2123	0.2867	0.6515	0.4206
61	阳泉市	0.0124	0.0708	0.4314	0.6515	0.4204
62	通化市	0.0513	0.2331	0.2499	0.6515	0.4202
63	清远市	0.2364	0.0992	0.2816	0.6515	0.4168
64	贵阳市	0.1564	0.0409	0.3758	0.6515	0.4166
65	娄底市	0.1098	0.1814	0.2549	0.6515	0.4161
66	漯河市	0.0167	0.1974	0.2809	0.6515	0.4158
67	郴州市	0.1551	0.1684	0.2445	0.6515	0.4156

续表

名次	城市	水资源量得分	用水量得分	污水排放量得分	水质得分	综合得分
68	盐城市	0.0327	0.2650	0.2028	0.6515	0.4152
69	广安市	0.2766	0.4640	0.3837	0.4339	0.4142
70	梅州市	0.1264	0.1837	0.2269	0.6515	0.4123
71	龙岩市	0.2367	0.1396	0.2688	0.6280	0.4114
72	福州市	0.1092	0.0692	0.3433	0.6515	0.4110
73	三明市	0.3071	0.1416	0.2296	0.6280	0.4104
74	衢州市	0.2544	0.1339	0.2082	0.6515	0.4104
75	南平市	0.3800	0.3732	0.2423	0.5044	0.4095
76	永州市	0.1499	0.1291	0.2568	0.6515	0.4094
77	绥化市	0.0699	0.5265	0.4181	0.4235	0.4094
78	丹东市	0.1419	0.1407	0.2476	0.6515	0.4092
79	绵阳市	0.1451	0.1328	0.2540	0.6515	0.4092
80	宝鸡市	0.0362	0.1414	0.2943	0.6515	0.4088
81	钦州市	0.1202	0.1449	0.2495	0.6515	0.4083
82	泉州市	0.1025	0.1523	0.2459	0.6515	0.4074
83	中山市	0.1131	0.1233	0.2676	0.6515	0.4069
84	抚州市	0.2667	0.1800	0.3040	0.5776	0.4060
85	邵阳市	0.1056	0.1834	0.2056	0.6515	0.4057
86	云浮市	0.1250	0.1848	0.1943	0.6515	0.4056
87	六盘水市	0.1255	0.1933	0.1850	0.6515	0.4054
88	洛阳市	0.0172	0.1085	0.3165	0.6515	0.4047
89	新余市	0.1699	0.0743	0.2727	0.6515	0.4032
90	吴忠市	0.0024	0.2183	0.2066	0.6515	0.4032
91	上饶市	0.2222	0.3636	0.3183	0.4923	0.4022
92	大庆市	0.0650	0.0743	0.3144	0.6515	0.4017
93	宜昌市	0.0792	0.1299	0.2509	0.6515	0.4014
94	十堰市	0.0589	0.0964	0.3473	0.6256	0.4002
95	防城港市	0.3609	0.0857	0.1577	0.6515	0.4001
96	北海市	0.1545	0.0768	0.2613	0.6515	0.3998
97	巴彦淖尔市	0.0069	0.6717	0.3097	0.3997	0.3995
98	深圳市	0.0897	0.0272	0.3385	0.6515	0.3993

续表

名次	城市	水资源量得分	用水量得分	污水排放量得分	水质得分	综合得分
99	泰州市	0.0342	0.1954	0.1958	0.6515	0.3992
100	孝感市	0.0248	0.2694	0.2819	0.5831	0.3991
101	湖州市	0.1177	0.0942	0.2571	0.6515	0.3990
102	池州市	0.1742	0.1540	0.3090	0.5885	0.3977
103	双鸭山市	0.0537	0.2519	0.2666	0.5885	0.3976
104	杭州市	0.1656	0.0568	0.2648	0.6515	0.3974
105	肇庆市	0.1590	0.0909	0.2330	0.6515	0.3973
106	株洲市	0.1570	0.0615	0.2631	0.6515	0.3972
107	唐山市	0.0202	0.1027	0.2842	0.6515	0.3969
108	长治市	0.0113	0.1209	0.2658	0.6515	0.3960
109	莆田市	0.0955	0.0473	0.3001	0.6515	0.3960
110	梧州市	0.1330	0.1260	0.2026	0.6515	0.3957
111	景德镇市	0.1875	0.1038	0.1957	0.6515	0.3949
112	平顶山市	0.0194	0.0971	0.2804	0.6515	0.3949
113	郑州市	0.0105	0.0779	0.3021	0.6515	0.3946
114	白银市	0.0269	0.0559	0.3159	0.6515	0.3944
115	枣庄市	0.0247	0.1038	0.2670	0.6515	0.3940
116	荆门市	0.0255	0.0973	0.2722	0.6515	0.3938
117	贵港市	0.0902	0.2193	0.1181	0.6515	0.3934
118	克拉玛依市	0.0941	0.0309	0.3037	0.6515	0.3932
119	乌海市	0.0025	0.1079	0.2643	0.6515	0.3921
120	南通市	0.0301	0.1066	0.2519	0.6515	0.3919
121	黄石市	0.0910	0.0743	0.2552	0.6515	0.3918
122	茂名市	0.1376	0.2800	0.2972	0.5331	0.3915
123	乌鲁木齐市	0.1379	0.0347	0.2630	0.6515	0.3897
124	包头市	0.0103	0.0676	0.2807	0.6515	0.3879
125	佛山市	0.0726	0.0442	0.2720	0.6515	0.3872
126	鄂州市	0.0711	0.0442	0.2713	0.6515	0.3869
127	嘉峪关市	0.0256	0.0394	0.2882	0.6515	0.3850
128	石嘴山市	0.0066	0.0638	0.2613	0.6515	0.3826
129	鹤壁市	0.0136	0.0744	0.2442	0.6515	0.3819

续表

名次	城市	水资源量得分	用水量得分	污水排放量得分	水质得分	综合得分
130	随州市	0.0133	0.1457	0.3281	0.5831	0.3816
131	铁岭市	0.0355	0.2144	0.3785	0.5256	0.3812
132	衡阳市	0.0936	0.0622	0.2148	0.6515	0.3810
133	镇江市	0.0357	0.0696	0.2302	0.6515	0.3802
134	商丘市	0.0134	0.3649	0.2313	0.5256	0.3797
135	南宁市	0.0910	0.0430	0.2249	0.6515	0.3788
136	马鞍山市	0.0460	0.0363	0.2470	0.6515	0.3777
137	东莞市	0.0971	0.0108	0.2411	0.6515	0.3761
138	乌兰察布市	0.0076	0.3274	0.3781	0.4666	0.3738
139	锦州市	0.0294	0.0572	0.2141	0.6515	0.3735
140	淮南市	0.0234	0.0523	0.2153	0.6515	0.3721
141	厦门市	0.0774	0.0302	0.2481	0.6280	0.3684
142	萍乡市	0.1426	0.1062	0.2558	0.5776	0.3681
143	南阳市	0.0253	0.2375	0.2496	0.5464	0.3680
144	河源市	0.1609	0.1319	0.2415	0.5673	0.3674
145	柳州市	0.2004	0.0247	0.1322	0.6515	0.3662
146	汕尾市	0.1230	0.1594	0.3044	0.5331	0.3662
147	阳江市	0.2139	0.0819	0.3248	0.5331	0.3631
148	荆州市	0.0618	0.1521	0.2421	0.5673	0.3620
149	延安市	0.0109	0.6630	0.3319	0.3148	0.3619
150	揭阳市	0.1089	0.1543	0.2832	0.5331	0.3593
151	宁波市	0.1469	0.0587	0.2319	0.5885	0.3588
152	蚌埠市	0.0284	0.0476	0.2787	0.5885	0.3547
153	张掖市	0.0227	0.3801	0.2669	0.4485	0.3542
154	赤峰市	0.0162	0.2101	0.5175	0.4133	0.3536
155	攀枝花市	0.1119	0.0341	0.0906	0.6515	0.3508
156	抚顺市	0.0712	0.0327	0.2537	0.5885	0.3505
157	玉溪市	0.0453	0.2704	0.1500	0.5324	0.3491
158	滁州市	0.0327	0.1796	0.2601	0.5256	0.3487
159	遂宁市	0.2675	0.1862	0.3540	0.4339	0.3487
160	呼和浩特市	0.0178	0.0897	0.3554	0.5256	0.3483

名次	城市	水资源量得分	用水量得分	污水排放量得分	水质得分	综合得分
161	海口市	0.3063	0.0226	0.3790	0.4831	0.3470
162	广州市	0.0986	0.0266	0.3725	0.5256	0.3466
163	绍兴市	0.1417	0.1405	0.2366	0.5256	0.3462
164	临沂市	0.0195	0.1290	0.3002	0.5256	0.3452
165	安阳市	0.0125	0.2111	0.2892	0.4933	0.3440
166	滨州市	0.0143	0.1581	0.2634	0.5256	0.3431
167	潮州市	0.1018	0.0924	0.2700	0.5331	0.3428
168	温州市	0.1656	0.0819	0.2642	0.5212	0.3399
169	惠州市	0.1449	0.0483	0.2766	0.5331	0.3391
170	江门市	0.1873	0.0541	0.2507	0.5331	0.3390
171	雅安市	0.0987	0.2440	0.3286	0.4339	0.3389
172	天水市	0.0414	0.2025	0.5590	0.3572	0.3362
173	徐州市	0.0299	0.1039	0.2581	0.5324	0.3354
174	襄阳市	0.0292	0.0987	0.2789	0.5256	0.3353
175	德州市	0.0179	0.4997	0.2728	0.3504	0.3329
176	营口市	0.0709	0.1039	0.2406	0.5256	0.3324
177	南昌市	0.1304	0.0379	0.2834	0.5212	0.3312
178	开封市	0.0130	0.1055	0.2576	0.5256	0.3306
179	武汉市	0.0511	0.0277	0.2831	0.5404	0.3305
180	铜川市	0.0108	0.1307	0.3592	0.4637	0.3273
181	重庆市	0.0768	0.0801	0.3019	0.4967	0.3270
182	大同市	0.0109	0.0887	0.2556	0.5256	0.3265
183	珠海市	0.1156	0.0175	0.2573	0.5331	0.3257
184	周口市	0.0163	0.5901	0.2736	0.2943	0.3249
185	朔州市	0.0095	0.2302	0.4046	0.3946	0.3244
186	舟山市	0.0961	0.0850	0.2049	0.5229	0.3221
187	本溪市	0.1014	0.0242	0.2484	0.5256	0.3202
188	辽阳市	0.0666	0.0399	0.2436	0.5256	0.3191
189	九江市	0.1566	0.1509	0.2864	0.4331	0.3158
190	张家口市	0.0095	0.1577	0.2989	0.4538	0.3154
191	白山市	0.0420	0.1257	0.2476	0.4763	0.3119

续表

名次	城市	水资源量得分	用水量得分	污水排放量得分	水质得分	综合得分
192	佳木斯市	0.0551	0.1152	0.4313	0.3909	0.3085
193	菏泽市	0.0229	0.3827	0.2542	0.3572	0.3082
194	晋中市	0.0103	0.2492	0.3011	0.3946	0.3067
195	曲靖市	0.0492	0.3530	0.3430	0.3148	0.3027
196	聊城市	0.0207	0.2335	0.2762	0.3997	0.3016
197	资阳市	0.2477	0.3612	0.5248	0.1889	0.3016
198	朝阳市	0.0148	0.1577	0.4470	0.3572	0.3006
199	常德市	0.1106	0.1866	0.2447	0.4133	0.3005
200	宿州市	0.0259	0.1843	0.2148	0.4441	0.3002
201	银川市	0.0041	0.0556	0.5456	0.3572	0.2988
202	怀化市	0.1589	0.2452	0.2703	0.3572	0.2960
203	宿迁市	0.0488	0.1784	0.2565	0.4133	0.2952
204	西宁市	0.6216	0.0376	0.2562	0.3572	0.2946
205	苏州市	0.0357	0.0562	0.2095	0.4835	0.2921
206	威海市	0.0407	0.1632	0.3593	0.3696	0.2918
207	宜宾市	0.1850	0.2183	0.2648	0.3572	0.2917
208	葫芦岛市	0.0612	0.0841	0.2981	0.4238	0.2903
209	哈尔滨市	0.0747	0.0791	0.3667	0.3909	0.2892
210	驻马店市	0.0153	0.2972	0.2674	0.3504	0.2889
211	辽源市	0.0635	0.1003	0.3036	0.3997	0.2836
212	大连市	0.0667	0.0710	0.2735	0.4238	0.2830
213	吉林市	0.0533	0.0651	0.2854	0.4202	0.2812
214	烟台市	0.0160	0.1542	0.3187	0.3696	0.2789
215	金昌市	0.0244	0.0904	0.1963	0.4485	0.2786
216	天津市	0.0265	0.0660	0.2961	0.4133	0.2777
217	铜陵市	0.0657	0.0390	0.2269	0.4441	0.2761
218	七台河市	0.0680	0.0493	0.2485	0.4235	0.2731
219	无锡市	0.0495	0.0633	0.2565	0.4174	0.2730
220	安庆市	0.0858	0.1258	0.3051	0.3572	0.2710
221	黄冈市	0.0618	0.3139	0.2250	0.3148	0.2709
222	韶关市	0.2307	0.1256	0.2352	0.3572	0.2704

名次	城市	水资源量得分	用水量得分	污水排放量得分	水质得分	综合得分
223	邯郸市	0.0271	0.1204	0.3437	0.3504	0.2689
224	岳阳市	0.1172	0.0659	0.2548	0.3909	0.2671
225	承德市	0.0087	0.2140	0.4649	0.2562	0.2670
226	通辽市	0.0310	0.0790	0.3572	0.3572	0.2667
227	齐齐哈尔市	0.0651	0.1778	0.2369	0.3572	0.2656
228	湛江市	0.0861	0.1224	0.6459	0.1889	0.2610
229	日照市	0.0175	0.1113	0.2690	0.3696	0.2596
230	莱芜市	0.0180	0.0752	0.2833	0.3696	0.2551
231	伊春市	0.0491	0.1354	0.3600	0.3011	0.2540
232	益阳市	0.1230	0.2191	0.3006	0.2730	0.2528
233	淄博市	0.0213	0.0585	0.2766	0.3696	0.2505
234	扬州市	0.0338	0.0843	0.2581	0.3572	0.2473
235	泸州市	0.1853	0.0874	0.1482	0.3572	0.2396
236	牡丹江市	0.0542	0.0476	0.2477	0.3572	0.2394
237	芜湖市	0.0604	0.0614	0.3241	0.3148	0.2385
238	衡水市	0.0190	0.2494	0.2581	0.2686	0.2379
239	盘锦市	0.0274	0.0729	0.2318	0.3504	0.2354
240	四平市	0.0637	0.2212	0.2609	0.2650	0.2352
241	鸡西市	0.0567	0.0847	0.1890	0.3572	0.2351
242	台州市	0.1501	0.1167	0.2874	0.2730	0.2311
243	青岛市	0.0293	0.0805	0.3107	0.2943	0.2268
244	湘潭市	0.0326	0.0625	0.2568	0.3148	0.2219
245	合肥市	0.0308	0.0606	0.3172	0.2824	0.2184
246	咸阳市	0.0071	0.0903	0.2529	0.3011	0.2178
247	陇南市	0.0284	0.0797	0.2214	0.3148	0.2176
248	兰州市	0.0401	0.0383	0.2559	0.3148	0.2173
249	沈阳市	0.0313	0.0512	0.3239	0.2702	0.2120
250	保定市	0.0197	0.2350	0.2785	0.2101	0.2111
251	常州市	0.0471	0.0595	0.2499	0.2730	0.2011
252	长春市	0.0462	0.0675	0.3351	0.2313	0.2006
253	秦皇岛市	0.0157	0.0560	0.2745	0.2686	0.2004

续表

名次	城市	水资源量得分	用水量得分	污水排放量得分	水质得分	综合得分
254	东营市	0.0107	0.1270	0.2765	0.2313	0.1973
255	淮安市	0.0467	0.0636	0.2213	0.2730	0.1959
256	济宁市	0.0084	0.1542	0.2737	0.2099	0.1919
257	沧州市	0.0197	0.4574	0.2906	0.0630	0.1896
258	平凉市	0.0371	0.3494	0.1014	0.1889	0.1894
259	西安市	0.0192	0.0505	0.3006	0.2313	0.1871
260	运城市	0.0142	0.4052	0.3085	0.0630	0.1819
261	临汾市	0.0096	0.4623	0.2518	0.0630	0.1815
262	南京市	0.0402	0.0241	0.1948	0.2730	0.1814
263	丽江市	0.0967	0.3605	0.2716	0.0630	0.1728
264	濮阳市	0.0089	0.1475	0.2517	0.1752	0.1692
265	焦作市	0.0179	0.1112	0.2454	0.1889	0.1677
266	济南市	0.0220	0.0650	0.3181	0.1752	0.1671
267	淮北市	0.0237	0.0743	0.2738	0.1889	0.1664
268	石家庄市	0.0224	0.0752	0.2727	0.1889	0.1663
269	亳州市	0.0272	0.2992	0.3288	0.0630	0.1651
270	连云港市	0.0482	0.1049	0.2218	0.1889	0.1643
271	北京市	0.0225	0.0439	0.4080	0.1259	0.1579
272	眉山市	0.2071	0.2289	0.2731	0.0630	0.1562
273	昆明市	0.0231	0.0783	0.3351	0.1331	0.1533
274	阜阳市	0.0223	0.1998	0.3478	0.0630	0.1477
275	鹤岗市	0.0553	0.0791	0.1583	0.1889	0.1463
276	自贡市	0.2797	0.0974	0.3047	0.0630	0.1423
277	成都市	0.3408	0.0495	0.3198	0.0630	0.1414
278	廊坊市	0.0234	0.2141	0.2769	0.0630	0.1359
279	渭南市	0.0086	0.1534	0.3210	0.0630	0.1310
280	上海市	0.0445	0.0249	0.2617	0.1259	0.1253
281	邢台市	0.0215	0.1939	0.2441	0.0630	0.1246
282	嘉兴市	0.0943	0.1318	0.2430	0.0630	0.1184
283	新乡市	0.0140	0.1556	0.2486	0.0630	0.1167
284	潍坊市	0.0176	0.1500	0.2177	0.0630	0.1094

名次	城市	水资源量得分	用水量得分	污水排放量得分	水质得分	综合得分
285	太原市	0.0178	0.0369	0.3149	0.0630	0.1060
286	鞍山市	0.0857	0.0392	0.2576	0.0630	0.1011
287	汕头市	0.0655	0.0330	0.2302	0.0630	0.0921
288	阜新市	0.0188	0.0614	0.1778	0.0630	0.0825

2. 差异性分析

城市水环境综合质量得分按照分级阈值划分为"优、良、中、差"四个等级。等级为优秀的城市数量为 20 个，占所有参评城市总数的 6.94%，其中，大部分城市位于内蒙古、贵州、云南、陕西及甘肃等我国西北和西南部地区。等级为良好的城市数量最多，共有 130 个，占所有参评城市总数的 45.14%，包括安徽、福建、广东、广西等省份的大部分城市。等级为中等的城市共有 84 个，占所有参评城市总数的 29.17%，主要位于内蒙古、辽宁、黑龙江、安徽、山东及广东等省份。等级为较差的城市有 54 个，占所有参评城市总数的 18.75%，包括河北、山西、辽宁、山东等省份的部分城市。

城市水环境综合质量水平较低的城市主要分布在我国东北地区、京津冀地区、山东半岛、长江三角洲地区、西南地区和珠三角地区，上述地区人口稠密、工业相对发达、经济发展速度较快，导致用水量大、污水排放量较多且排水水质较差，故城市水环境综合质量水平较低。而我国西北地区、华南地区大多城市用水量少、污水排放量少，国控断面的达标率高，水质好，使得这些地区的城市水环境综合质量较好。此外，部分城市由于某些指标较好，水环境质量具有较好的可持续性，如拉萨市因水资源量非常丰富，黑河市因人均用水量、地均用水量很少，使得城市用水量得分很高，水环境可持续发展能力较强。

参评城市的水资源情况带有明显的地域特征，北方大部分城市水资源比较匮乏，甚至非常匮乏。一方面这些城市降水量较少，另一方面城市人口众多，面积相对较大，导致人均水资源量和地均水资源量都较小。而南方绝大部分参评城市水资源比较丰富，降水充沛，河流较多。

用水量较小的参评城市主要分布在我国东北、西北地区的黑龙江、内蒙古、陕西和甘肃等省份，如呼伦贝尔市、黑河市、鄂尔多斯市、榆林市、酒泉市等城市。南方城市有吉安市、赣州市等城市。上述城市人均用水量、地均用水量和单位 GDP 用水量均较小。用水量较大的城市主要分布在渤海湾、长江三角洲、珠江三角洲等地区，这些城市人口相对稠密，城市面积小，工业相对发达，人均、地均、单位 GDP 用水量均较大，应倡导增加节水设施，加大监督检查力度，发现用水异常情况及时处理，减少用水量增加。

北方大部分参评城市的污水排放量普遍低于南方城市。黑龙江、吉林、内蒙古、甘肃、山西、河北、山东等省份的大部分城市污水排放量较小，污水处理厂的集中处理率较高。而我国东南沿海地区的部分城市由于轻工业较为发达，产生大量污水，加之人口稠密，污水处理厂的集中处理率较低，导致污水排放量指标较差。

水质情况较为良好的参评城市以南方城市为主，这些城市国控断面的达标率较高，水质条件状况比较好。而京津冀、甘肃、陕西、山西等地区的部分城市水质情况较差，国控断面的达标率较低，Ⅰ～Ⅲ类水质断面的比例较低，劣Ⅴ类水质断面较多。

8.3.3　分类结果与差异分析

依据 8.2.4 节中的城市分类方法将参评城市分为六大类（图 8-2）。研究发现，水环境综合质量存在问题的城市数量超过参评城市总量的 2/3，其中，存在两种及以上问题的城市数量占参评城市的 1/4，水资源匮乏型城市、用水过度型城市、污水超排型城市和水质较差型城市数量基本持平。存在单一类问题的城市总量占参评城市总量的 1/2，我国城市水环境发展过程中存在的问题种类多、程度深、范围广，城市水环境综合质量达到了比较严重的水平。

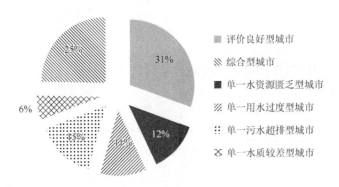

图 8-2　参评城市类型数量分布图

评价结果为良好型的城市主要分布在安徽、广东、湖北、江西、四川等省。评价结果为单一水资源匮乏型城市在河南、山东、山西、内蒙古等地区较多。评价结果为单一用水过度型城市的分布较为分散，除广东省单一用水过度型城市较多外，大部分省份均只有一至两个属于单一用水过度型城市。单一污水超排型城市在广东、广西分布较为密集。单一水质较差型城市数量较少，一些省份的个别城市存在水质较差的问题。评价结果为综合型城市数量较多，分布在北京、河北、河南、安徽、江苏、山西、山东、辽宁等省份的大部分地区。

在评价结果为良好型城市中，其水环境综合质量等级均在优秀、良好和中等这三个等级之中，且以水环境综合质量等级为良好的城市数量最多，没有水环境综合质量等级较差的城市。评价结果为单一水资源匮乏型、单一用水过度型、单一污水超排型和单一水质较差型城市主要属于城市水环境综合质量等级为良好和中等的城市，等级为优秀和较差的城市较少，上述城市在水环境发展过程中存在的问题较为单一，没有导致城市水环境综合质量得分过低。而评价结果为综合型城市，则主要为城市水环境综合质量良好、中等和较差的城市，其中又以水环境发展质量较差的城市最多，这类城市在发展过程中水环境存在诸多问题，影响因素较多，导致其水环境综合质量较差。

参评城市按照水环境综合质量短板分类，大部分城市的水环境综合质量均存在问题。评价结果为良好型的城市主要分布在东北、西南和东南地区的部分城市，如鄂尔多斯市、重庆市、温州市等。单一水资源匮乏型城市主要分布在我国北方地区。单一污水超排型城市主要分布在南方地区。用水过度型城市在我国南北方地区均有分布，且在珠三角地区分布较为集中。单一水质较差型城市数量较少、分布也较为分散。综合型城市所占比例较大，综合了水资源匮乏、用水过度、污染严重和水质较差等众多问题，较其他类型城市更为复杂，主要分布在我国京津冀、山东半岛、河南、山西及长江中下游等地区。

1. 分类结果分析

为衡量不同类型城市的主要指标影响，将水环境综合质量存在问题的参评城市与其他没有类似问题的参评城市进行比较。计算不同城市指标平均值，得到表 8-17～表 8-20。

表 8-17　水资源匮乏型城市与其他城市对比表

城市类型	人均水资源量/(m³/人)	地均水资源量/(m³/km²)
水资源匮乏型城市	301.158	109124.326
其他城市	3281.563	803350.257

表 8-18　用水过度型城市与其他城市对比表

城市类型	单位 GDP 用水量/(m³/万元)	人均用水量/(m³/人)	地均用水量/(m³/km²)
用水过度型城市	13.405	110.895	7.324
其他城市	5.202	17.159	0.647

表 8-19　污水超排型城市与其他城市对比表

城市类型	单位 GDP 污水排放量/(m³/万元)	人均污水排放量/(m³/人)	地均污水排放量/(m³/km²)	污水处理厂集中处理率/%
污水超排型城市	0.794	28.803	1.281	66.30
其他城市	0.370	15.945	0.782	84.87

表 8-20　水质较差型城市与其他城市对比表

城市类型	国控断面水质达标率/%	水质得分
水质较差型城市	17.19	44
其他城市	87.31	86

水资源匮乏型城市与其他城市相比，人均水资源量和地均水资源量均相差悬殊。其中，水资源匮乏型城市的人均水资源量不足其他城市的 1/10，地均水资源量约为其他城市的 1/8。用水过度型城市与其他城市相比，用水量大。单位 GDP 用水量、人均用水量和地均用水量分别是其他城市的 2.58 倍、6.46 倍和 11.32 倍。污染严重型城市的单位 GDP 污水排放量、人均污水排放量和地均污水排放量是其他城市的 2 倍左右，但污水处理厂集中处理率却低于其他城市，导致城市水环境严重污染。水质较差型城市的国控断面水质达标率不足其他城市的 1/5，水质较差城市的 I～III 类水断面比例偏低，V 类和劣 V 类水断面比例较高。

2. 管理对策

对于水资源匮乏型城市，需要进一步完善城市市政及水利建设基础设施，增强城市水源涵养能力，充分利用雨洪资源，同时，新建管网实现雨污分流，提高污水处理能力和效率，减少污水直排，实现水资源高效循环利用。

对于用水过度型城市，要后行节水政策，减少清洁水的使用量，加大循环水使用；调整产业结构，依据地区现有水量，量水而行，构建与本地资源相适应的产业链条。同时，可适当调节水价，降低人均用水量。

对于污水超排型城市，其单位 GDP 污水排放量、人均污水排放量和地均污水排放量均需降低 50%左右，才能与全国污水排放水平持平。需进一步提高污水处理能力，提升处理效率。实现"优水优用，劣水劣用"；同时，健全完善相关法律法规，加大对于污水处理的监督和处罚力度。

对于水质较差型城市，要提高 I～III 类水断面比例，降低 V 类水和劣 V 类水断面比例，需采取多种举措减少水资源浪费，提高污水处理能力，实现再生水循环利用。

第9章　城市水环境管理平台模块介绍

9.1　平台界面概述

城市水环境管理平台采用统一数据标准，构建城市水环境综合数据库、水环境问题诊断、城市水环境质量评估、城市水环境质量排名、水环境承载力评估及黑臭水体综合分析等模块，实现数据存储、查询、统计及可视化展示分析等功能。

管理平台操作界面由菜单导航区、数据操作区和地图列表展示区等三部分组成（图9-1）。菜单导航区列出平台各功能模块名称，并高亮显示当前操作所在模块，用户通过点击菜单导航区的按钮进入相应模块页面（图9-2）。数据操作区是关键数据处理区域，可以实现现有数据查询，并通过新增、修改、删除及导入、下载等按钮实现不同类型数据处理及存放（图9-3）。地图列表展示区将城市水环境涉及相关数据在地图上直观展示出来（图9-4）。

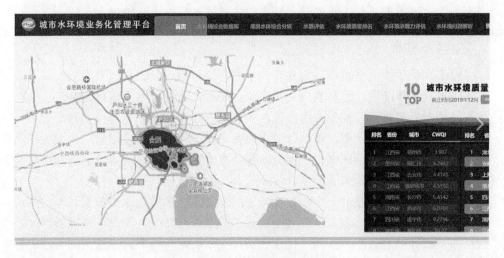

图9-1　城市水环境管理平台界面

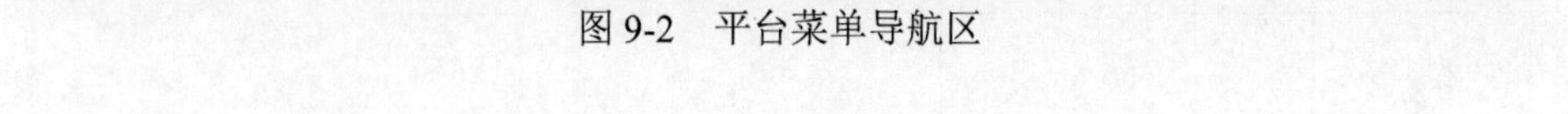

图9-2　平台菜单导航区

	自然保护区名称	所在区县编码	所在区县名称	地点	面积（km²）	主要保护对象
□	贵州威宁草海国家级自然保护区	520500	毕节市	毕节市	9600	黑颈鹤等珍稀鸟类及高原湿地生态系统
□	百里杜鹃省级自然保护区	520500	毕节市	毕节市	9669.1	杜鹃及其森林生态系统
□	纳雍珙桐自然保护区	520500	毕节市	毕节市	11398.22	光叶珙桐、云贵水韭、十齿花等国家一级保护珍稀
□	毕节市乌蒙自然保护区	520500	毕节市	毕节市	1296.2	森林生态系统
□	毕节罩子山自然保护区	520500	毕节市	毕节市	2513.4	森林生态系统
□	大方福崩柏自然保护区	520500	毕节市	毕节市	56	国家二级保护植物福崩柏和整个森林生态系统
□	金沙福崩柏自然保护区	520500	毕节市	毕节市	100	国家二级保护植物福崩柏及其森林生态系统
□	冷水河自然保护区	520500	毕节市	毕节市	30041	森林生态系统

图 9-3　数据操作区

图 9-4　地图列表展示区

9.2　城市水环境综合数据库

城市水环境综合数据库是数据管理中心，针对城市水环境涉及的空间数据、基础数据、统计年鉴数据及城市水环境承载力调查数据等不同类型数据，提供录入、编辑、查询、导出、展示等功能。

9.2.1　空间数据

空间数据主要包含矢量数据和栅格数据。数据库中矢量数据的输出可按照流域和省份，展示不同区域内河流、湖库、国控断面、水资源分区、黑臭水体分布等不同信息。栅格数据可以根据需要展示 DEM、植被类型、地貌类型、土壤侵蚀、土壤质地、土壤类型及土地利用空间分布情况。

9.2.2　基础数据

基础数据主要包含水质监测数据、城市排名、黑臭水体清单、黑臭水体公众监督及城市水环境污染源调查与核算。可根据需要进行数据查询、修改、删除、添加、导入及下载等操作。

1. 水质监测数据

水质监测数据收录了不同区域河流断面的水质监测情况，包括断面名称、断面编号、断面时段、所属流域、所在河流（湖库）名称、采样时间、pH、溶解氧等。可以对水质监测数据进行查询、修改、删除、添加、导入及下载等操作，如图 9-5 所示。

图 9-5　水质监测数据页面

2. 城市排名

该部分收录了全国地级以上城市名称、城市编码、断面总数、河流总数、湖库总数、城市排名指数、时间等信息，如图 9-6 所示。

图 9-6　城市排名页面

3. 黑臭水体清单

黑臭水体清单收录了全国各地区黑臭水体信息进行查询和统计，包括黑臭水体名称和编号、位置信息、水体类别、黑臭水体面积、长度、治理情况、计划达标期限等。

4. 黑臭水体公众监督

该部分主要是对公众监督信息的统计，包括地理位置、河流名称、举报描述及信息回复内容等。

5. 城市水环境污染源调查与核算

污染源调查与核算收录了污染企业地址、经纬度、污染源、废水排放量、COD排放量、氨氮排放量、总磷排放量、总氮排放量，如图 9-7 所示。

图 9-7　城市水环境污染源调查与核算页面

9.2.3　中国省市经济统计年鉴

中国省市经济统计年鉴收录了行政区划和人口，国民经济核算，城市建设，资源、能源和环境，工业共五部分内容。

1. 行政区划和人口

该部分统计了各地级及以上城市 2010 年、2012 年、2013 年及 2016 年的行政区域土地面积、常住人口、人口自然增长率、人口密度等信息，如图 9-8 所示。

图 9-8　行政区划和人口页面

2. 国民经济核算

该部分统计了各地级及以上城市 2010 年、2012 年及 2013 年的地区生产总值、人均地区生产总值、人均地区生产总值指数等信息，如图 9-9 所示。

图 9-9　国民经济核算页面

3. 城市建设

该部分统计了各地级及以上城市 2010 年、2012 年及 2013 年城市建成区面积、城市供水总量、城市人均日生活用水量、城市污水排放量、城市污水处理总量、城市污水处理率等数据信息，如图 9-10 所示。

4. 资源、能源和环境

该部分在城市建设的基础上增加了城区人口、人口密度、综合生产能力、生活用水等数据信息，如图 9-11 所示。

图 9-10　城市建设页面

图 9-11　资源、能源和环境页面

5. 工业

该部分统计了各地级及以上城市 2010 年、2012 年及 2013 年的工业生产总值，如图 9-12 所示。

图 9-12　工业页面

9.2.4　中国城市建设统计年鉴

中国城市建设统计年鉴收录了人口和建设用地、城市供水、城市节约用水、城市排水和污水处理共四部分内容。

1. 人口和建设用地

该部分统计了 2002～2015 年全国及各地级以上城市的市区面积、市区人口、市区暂住人口、建成区面积、居住用地、工业用地、物流仓储用地、绿地与广场用地、年度征用土地面积及年度征用耕地面积等数据信息，如图 9-13 所示。

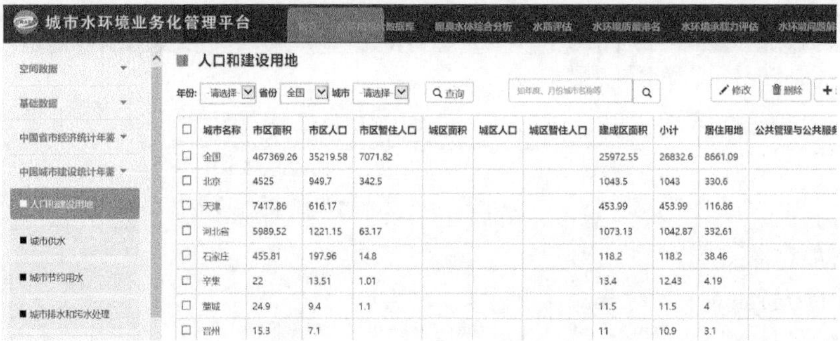

图 9-13　人口和建设用地页面

2. 城市供水

该部分统计了 2006～2015 年全国及各地级以上城市的综合生产能力、供水管道长度、生产运营用水、公共服务用水、居民家庭用水、其他用水、生活用水、漏损水量、用水户数、用水人口等信息，如图 9-14 所示。

图 9-14　城市供水统计数据

3. 城市节约用水

该部分统计了 2006～2015 年全国及各地级以上城市的新水取用量、工业新水取用量、重复利用量、工业重复利用量、节约用水量、工业节约用水量等信息，如图 9-15 所示。

图 9-15　城市节约用水统计数据

4. 城市排水和污水处理

该部分统计了 2006～2015 年全国及各地级以上城市的污水排放量、排水管道长度、污水处理设施数量、污水处理量、污泥产生量、污泥处置量等信息，如图 9-16 所示。

图 9-16　城市排水和污水处理数据

9.2.5　城市水环境承载力调查数据

城市水环境承载力调查数据收录了部分地级市的自然保护区、风景名胜区、森林公园、湿地公园、地质公园、集中式饮用水源地、生态保护红线区、污染治理及节水信息调查、排污口调查汇总表、人口社会经济信息、水文站流量信息及水文站信息等内容。

1. 自然保护区信息

该部分统计了自然保护区名称、所在区县编码和名称、面积、主要保护对象、保护区级别、业务主管部门等信息，如图 9-17 所示。

图 9-17　自然保护区信息

2. 风景名胜区信息

该部分统计了风景名胜区名称、所在区县、面积、主要景区、景区级别、分类、业务主管部门等信息，如图 9-18 所示。

图 9-18　风景名胜区信息

3. 湿地公园信息

该部分统计了湿地公园名称、所在区县、湿地面积、主要保护对象、湿地公园级别、类型、业务主管部门等信息，如图 9-19 所示。

图 9-19　湿地公园信息

4. 集中式饮用水源地保护区信息

该部分统计了集中式饮用水源地保护区名称、所在区县、面积、水源地保护区类型、水源地保护区等级、取水量、水源服务人口等信息，如图 9-20 所示。

图 9-20　集中式饮用水源地、保护区信息

5. 生态保护红线区信息

该部分统计了生态保护红线区名称、所在区县、面积、业务主管部门等信息，如图 9-21 所示。

图 9-21　生态保护红线区信息

6. 排污口调查汇总表

该部分统计了排污口名称、排污企业名称、经纬度坐标、入河（湖）方式、年污水入河量、COD 年入河量、氨氮年入河量，如图 9-22 所示。

图 9-22　排污口调查汇总表

7. 人口、社会、经济信息

该部分统计了行政区划名称、面积、总人口数、常住人口、工业生产总值、农业生产总值等信息，如图 9-23 所示。

8. 水文站流量信息

该部分统计了站名、年份、水文流量数据等信息，如图 9-24 所示。

图 9-23　人口、社会、经济信息

图 9-24　水文站流量信息

9. 水文站信息

该部分统计了站名、所在区划名称、河名、站点经纬度坐标、集水面积等信息，如图 9-25 所示。

图 9-25　水文站信息

9.3　黑臭水体综合分析

9.3.1　黑臭水体清单

主要对全国及重点城市的黑臭水体排查结果和分布情况进行数据统计与展示。由全国总体的排查和分布情况、重点城市的排查和分布情况、全国的治理进展情况、重点城市的治理进展情况、全国总体情况、重点城市总体情况、全国黑臭水体清单、重点城市黑臭水体清单、全国黑臭水体统计、重点城市黑臭水体统计等内容，下面以全国黑臭水体为例进行介绍。

1. 全国总体的排查和分布情况

这部分收录了全国各地区的黑臭水体名称、黑臭水体编号、水体类别、黑臭段位置、黑臭等级、黑臭水体面积和黑臭水体长度等信息。并可以按照年度和季度对全国各城市的黑臭水体调查结果进行统计和排名。

2. 全国的治理进展情况

按照未启动、方案制定、治理中及完成治理四种情况统计了全国各地级以上城市黑臭水体的治理进展，如图 9-26 所示。

图 9-26　全国的治理进展情况页面

3. 全国总体情况

该部分统计了全国各省（区、市）水体总数以及 2016 年、2017 年、2018～2020 年、2020～2030 年水体的达标比例。

4. 全国黑臭水体清单

全国黑臭水体清单统计了全国各地区黑臭水体分布和治理情况，包括黑臭水体名称、黑臭水体编号、水体类别、黑臭段位置、黑臭水体面积、长度、项目总投资、整治进展等信息。

5. 全国黑臭水体统计

该部分调查和统计了全国各地区黑臭水体数量，如图 9-27 所示。

图 9-27　全国黑臭水体统计页面

9.3.2　公众监督

主要是对公众监督信息的分析与统计，包括不同时间举报信息、收到监督举报信息及回复数量、对监督举报信息回复不同口径数量、收到监督举报信息水体状况分析与统计、监督举报明细等，导航区如图 9-28 所示。

9.4　城市水环境质量排名

城市地表水环境质量排名是根据"十三五"国家地表水环境质量监测网中规定的 1940 个城市排名断面（点位）的水质数据，计算城市水质指数（CWQI）。根据 CWQI 的数值和数值变化情况，对全国 338 个地级及以上城市的地表水环境质量进行排名。可显示不

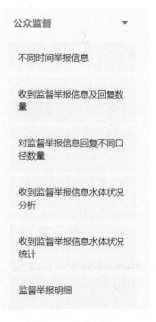

图 9-28　公众监督导航区

同年度、季度的城市水环境质量排名、CWQI 的数据、CWQI 变化率和 CWQI 变化率排名，如图 9-29 所示。

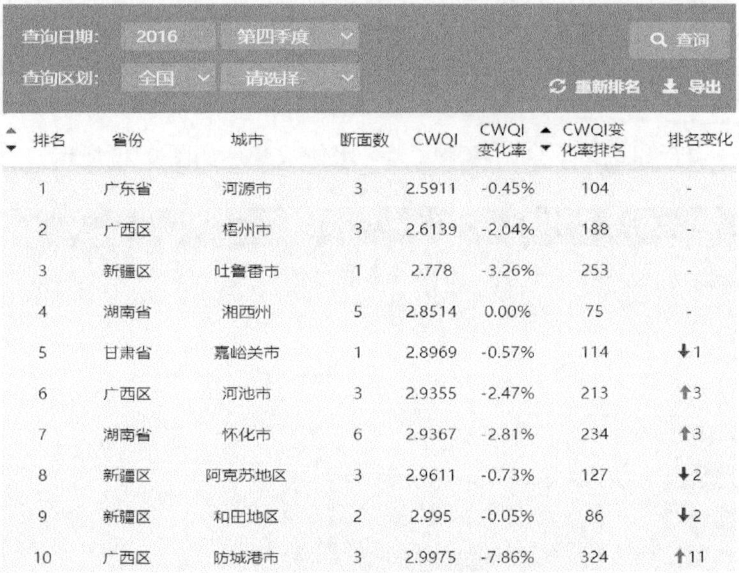

排名	省份	城市	断面数	CWQI	CWQI变化率	CWQI变化率排名	排名变化
1	广东省	河源市	3	2.5911	-0.45%	104	-
2	广西区	梧州市	3	2.6139	-2.04%	188	-
3	新疆区	吐鲁番市	1	2.778	-3.26%	253	-
4	湖南省	湘西州	5	2.8514	0.00%	75	-
5	甘肃省	嘉峪关市	1	2.8969	-0.57%	114	↓1
6	广西区	河池市	3	2.9355	-2.47%	213	↑3
7	湖南省	怀化市	6	2.9367	-2.81%	234	↑3
8	新疆区	阿克苏地区	3	2.9611	-0.73%	127	↓2
9	新疆区	和田地区	2	2.995	-0.05%	86	↓2
10	广西区	防城港市	3	2.9975	-7.86%	324	↑11

图 9-29　城市水环境质量排名页面

9.5　城市水环境承载力评估

根据水环境承载力不同计算方法，评估模块下设水质指标法和体系指标法两个子模块。可根据需要选择合适方法对区域水环境数值进行计算，得出相应水环境承载力评估结果。

9.5.1　水质指数法

用水质指数法对长江经济带和全国分别进行水环境承载力评估计算。可在承载力设置页面（图 9-30）选择评估指标及评估标准，设置临界超载值和超载值，确定评估区间。水环境承载力评估结果以图表的形式展示（图 9-31），实现各地级以上城市水环境承载力指数及状态查询，并根据需要生成承载力评估报告，如图 9-32 所示。

9.5.2　体系指标法

　　体系指标法界面为用户提供了模型构建及评估管理、空间展示等操作，如图 9-33 所示。

图 9-30　城市水环境承载力评估指标设置

序号	省份	城市	指数	状态
1	西藏	日喀则市	-0.757	不超载
2	海南	文昌市	-0.734	不超载
3	云南	昭通市	-0.730	不超载
4	西藏	昌都市	-0.714	不超载
5	新疆	克仪勒苏州	-0.713	不超载
6	广东	云浮市	-0.711	不超载
7	广西	梧州市	-0.706	不超载
8	甘肃	陇南市	-0.702	不超载
9	湖南	张家界市	-0.701	不超载
10	西藏	林芝市	-0.698	不超载
11	广西	崇左市	-0.682	不超载

图 9-31　承载力评估结果

图 9-32　生成承载力评估报告

图 9-33　体系指标法

9.6　城市水环境问题解析

对导致城市水环境污染的 14 项污染源指标进行数据整理、分析，并以表格、饼状图、空间分布图等多种形式进行展示。可通过选择城市、年度及各项污染排量等信息，查看该城市在某一年度内的废水、COD、氨氮、总磷、总氮排放量及排放比例，了解该城市各污染源对上述指标的贡献率，如图 9-34 所示。

点击切换地图按钮，可分别查看该城市在某一年度内的废水、COD、氨氮、总磷及总氮空间分布，如图 9-35 所示。

图 9-34　城市水环境问题解析页面

图 9-35　污染源空间分布图

参 考 文 献

[1] 李瑞娟，李丽平. 美国环境管理体制对中国的启示[J]. 世界环境，2016，（2）：24-26.

[2] 胡燮. 国外水资源管理体制对我国的启示[J]. 法制与社会，2008，（5）：168-169.

[3] 王资峰. 中国流域水环境管理体制研究[D]. 北京：中国人民大学，2010.

[4] 肖青，马蔚纯，张超. 基于 ArcView 的空间型苏州河环境信息系统原型研究[J]. 环境科学研究，1999，（2）：3-5.

[5] 朱杰，祝义平，曾秀莉. 沱江流域成都段水环境系统预警研究[J]. 安全与环境学报，2011，（4）：126-129.

[6] 张慧霞，娄全胜，夏斌，等. 基于 GIS 的惠州西湖水环境管理信息系统的研建[J]. 水土保持研究，2006，（1）：130-132.

[7] 安若兰. 基于 ArcEngine+ .NET 渭河流域水资源管理系统研究与开发[D]. 西安：陕西科技大学，2015.

[8] 徐文帅，石爱军，游智敏，等. 基于 GIS 的污染源自动监测数据综合分析系统设计和实现[J]. 中国环境监测，2012，（3）：136-140.

[9] 陈家模，苗丽，赫晓慧. 基于 GIS 的水环境信息管理系统的研究[J]. 河南科学，2013，（1）：84-86.

[10] Falkenmark M，Lundqvist J. Towards water security：political determination and human adaptation crucial[J]. Natural Resources Forum，1998，22（1）：37-51.

[11] 贾振邦，赵智杰，李继超，等. 本溪市水环境承载力及指标体系[J]. 环境保护科学，1995，（3）：8-11.

[12] 郭怀成，唐剑武. 城市水环境与社会经济可持续发展对策研究[J]. 环境科学学报，1995，（3）：84-86.

[13] 洪阳，叶文虎. 可持续环境承载力的度量及其应用[J]. 中国人口·资源与环境，1998，（3）：3-5.

[14] 朱湖根，张华发，吴保进. 试论淮河流域水环境承载力的脆弱性[J]. 合肥工业大学学报（自然科学版），1997，（5）：7.

[15] 崔凤军. 城市水环境承载力及其实证研究[J]. 自然资源学报，1998，（1）：3-5.

[16] 蒋晓辉，黄强，惠泱河，等. 陕西关中地区水环境承载力研究[J]. 环境科学学报，2001，（3）：312-317.

[17] 马文敏，李淑霞，康金虎. 西北干旱区域城市水环境承载力分析方法研究进展[J]. 宁夏农学院学报，2002，（4）：68-70.

[18] 井涌. 论陕西渭河水环境承载能力及其调控策略[J]. 陕西环境，2003，（1）：13-17.

[19] 王海云. 水环境承载能力调控与水质信息系统模式的探讨[J]. 水利发展研究，2004，（6）：19-21.

[20] 卢卫. 浙江省主要饮用水水源地水环境承载能力分析与对策[J]. 水文，2003，（5）：38-41.

[21] 王顺久. 水资源开发利用综合研究[D]. 成都：四川大学，2003.

[22] 李如忠，汪家权，钱家忠. 模糊物元模型在区域水环境承载力评价中的应用[J]. 环境科学与技术，2004，（5）：54-56.

[23] 鄢帮有，谭晦如，邢久生. 鄱阳湖水环境承载力分析[J]. 江西农业大学学报，2004，（6）：931-935.

[24] 赵然杭，曹升乐，高辉国. 城市水环境承载力与可持续发展策略研究[J]. 山东大学学报（工学版），2005，（2）：90-94.

[25] 梁翔宇，梁郁华. 邵阳市水环境承载力现状及对策[J]. 湖南水利水电，2005，（5）：2.

[26] 汪彦博，王嵩峰，周培疆. 石家庄市水环境承载力的系统动力学研究[J]. 环境科学与技术，2006，（3）：26-27.

[27] 赵青松，周孝德，龙平沅. 关于水环境承载力模糊评价的探讨[J]. 水利科技与经济，2006，（1）：46-47.

[28] 涂峰武. 西洞庭湖流域水环境承载力分析与建模[J]. 湖南水利水电，2006，（3）：77-78.

[29] 中国环境规划院. 全国水环境容量核定技术指南[R]. 2003.

[30] 陈甜，金科，房振南. 水生态文明城市评价指标体系和方法研究——以江苏省邳州市为例[J]. 人民长江，2020，（S1）：47-52.

[31] 董存存. 城市水环境代谢系统中溶解性有机物的特性表征[D]. 西安：西安建筑科技大学，2016.

[32] 丹保宪仁，王晓昌. 水文大循环和城市水环境代谢[J]. 给水排水，2002，（6）：1-5.

[33] 王园，袁增伟，毕军，等. 基于工业代谢分析的草甘膦生产工艺水资源系统优化研究[C]. 清华大学化学工程系会议论文集，2008：35.

[34] 程欢，彭晓春，陈志良，等. 基于可持续发展的物质流分析研究进展[J]. 环境科学与管理，2011，（10）：142-146.

[35] 熊娜娜. 成都市水资源生态足迹与可持续研究[D]. 重庆：西南大学，2019.

[36] 中华人民共和国水利部. 2014 年中国水资源公报[R]. 2014.

[37] 赵军，张成刚. 水体富营养化的成因及污染沉积物的防控措施研究[J]. 中国工程咨询，2007，（7）：31-33.

[38] 陈思颖. 环境信息披露、环境绩效和经济绩效的实证研究[D]. 长沙：湖南大学，2014.

[39] 徐亚同，张秋卓. 从流域角度治理水体，构建健康的水体生态景观廊道[C]. 中国环境科学学会会议论文集，2013：40-42.

[40] 上海市水务局. 2014 年上海市水资源公报[R]. 2015.

[41] 上海统计局，国家统计局上海调查队. 上海统计年鉴 2015[M]. 北京：中国统计出版社，2015.

[42] 广州市水务局. 2015 年广州市水资源公报[R]. 2015.

[43] 广州市统计局，国家统计局广州调查队. 广州统计年鉴 2015[M]. 北京：中国统计出版社，2015.

[44] 重庆市水利局. 2014 年重庆市水资源公报[R]. 2015.

[45] 孙芃，武晓威，陈宇. 松花江哈尔滨段水资源承载力探析[J]. 黑龙江科技信息，2017，（9）：213.

[46] 郭晓琳. 基于容量扩增的松花江哈尔滨城区段水质提升方案[D]. 哈尔滨：哈尔滨工业大学，2016.

[47] 贡力. 兰州市水资源承载力研究[D]. 杨凌：西北农林科技大学，2007.

[48] 清远市水利局. 2015 年清远市水资源公报[R]. 2016.

[49] 刘毅，陈吉宁. 中国磷循环系统的物质流分析[J]. 中国环境科学，2006，（2）：238-242.

[50] 任嘉敏，马延吉，郭付友. 基于物质流分析的黑龙江省物质代谢及减量化研究[J]. 生态与农村环境学报，2019，（9）：1144-1153.

[51] 韩江雪. 苏州氮磷元素多部门代谢分析及回收技术应用影响研究[D]. 北京：清华大学，2015.

[52] 张玲，袁增伟，毕军. 物质流分析方法及其研究进展[J]. 生态学报，2009，（11）：6189-6198.

[53] 侯丽敏，岳强，王彤. 我国水环境承载力研究进展与展望[J]. 环境保护科学，2015，（4）：104-108.

[54] 朱琳. 城市水环境承载力评估模型及应用研究[D]. 济南：山东师范大学，2018.

[55] 余艳旭. 河南省典型区域水环境承载力评价[D]. 郑州：华北水利水电大学，2017.

[56] 周斌，桑学峰，秦天玲，等. 我国京津冀地区良性水资源调控思路及应对策略[J]. 水利水电科技进展，2019，（3）：6-10，17.

[57] 黄志烨，李桂君，李玉龙，等. 基于 DPSIR 模型的北京市可持续发展评价[J]. 城市发展研究，2016，（9）：20-24.

[58] 彭鹏，李建秋，华丕龙，等. 基于"压力-状态-响应"模型的珠海市大万山岛生态安全评价研究[J]. 海洋开发与管理，2020，（7）：49-54.

[59] 王奎峰，李娜，于学峰，等. 基于 P-S-R 概念模型的生态环境承载力评价指标体系研究——以山东半岛为例[J]. 环境科学学报，2014，（8）：2133-2139.

[60] 王庆帅. 基于 Landsat 与 Sentinel-1 数据的北京市不透水面信息提取及动态变化研究[D]. 长春：吉林大学，2019.

[61] 徐涵秋，张铁军. ASTER 与 Landsat ETM + NDVI 植被指数关系的交互比较研究[C]. 杭州师范大学遥感与地球科学研究院会议论文集，2010：3.

[62] 黄康，李怀恩，成波，等. 基于 Tennant 方法的河流生态基流应用现状及改进思路[J]. 水资源与水工程学报，2019，（5）：103-110.

[63] 李忠平. 吉林省伊通河生态需水量计算及分析[J]. 长江科学院院报，2015，（9）：37-41，46.

[64] 涂德顺，张宗敏，封光寅. 白河干流最小流量变化与生态基流计算研究[J]. 中国水利，2016，（17）：26-27，33.

[65] 石永强，左其亭. 基于多种水文学法的襄阳市主要河流生态基流估算[J]. 中国农村水利水电，2017，（2）：50-54，59.

[66] 王琦. 城市水环境综合质量评估方法研究[D]. 邯郸：河北工程大学，2015.

[67] 杜栋，庞庆华，吴炎. 现代综合评价方法与案例精选[M]. 2 版. 北京：清华大学出版社，2008：56-65.

[68] 李晓星，杜军凯，傅尧，等. 基于主成分分析的模糊综合评价法在地表水水质评价中的应用[J]. 水利科技与经济，2016，（10）：8-12.

[69] 姜明岑，王业耀，姚志鹏，等. 地表水环境质量综合评价方法研究与应用进展[J]. 中国环境监测，2016，（4）：1-6.

[70] 陈国宏，李美娟. 基于方法集的综合评价方法集化研究[J]. 中国管理科学，2004，12（1）：101-105.

[71] 樊明玉. 国内外城市水环境评价指标体系比较与技术模型研究[D]. 重庆：重庆大学，2011.

[72] 杨柳荫. 城市水环境系统评价指标体系研究[D]. 兰州：兰州大学，2012.

[73] 叶宗裕. 关于多指标综合评价中指标正向化和无量纲化方法的选择[J]. 浙江统计，2003，（4）：25-26.

[74] 韩胜娟. SPSS 聚类分析中数据无量纲化方法比较[J]. 科技广场，2008，（3）：229-231.

[75] 李美娟，陈国宏，陈衍泰. 综合评价中指标标准化方法研究[J]. 中国管理科学，2004，12：49-52.

[76] 吴登峰. 基于主成分分析赋权的集对模型在水质评价中的应用[J]. 水利科技与经济，2019，（2）：1-7.

[77] 刘红玉，张景川. 基于熵权 TOPSIS 模型的区域资源环境承载力发展水平实证分析[J]. 山东化工，2020，（11）：260-262，265.

[78] 赵焕臣，许树柏，和金生. 层次分析法[M]. 北京：科学出版社，1986：1-46.

[79] 张延欣，吴涛，王明涛，等. 系统工程学[M]. 北京：气象出版社，1997：125-134.

[80] 徐建华. 现代地理学中的数学方法[M]. 北京：高等教育出版社，1996：115-120.

[81] Wasil E，Golden B. Celebrating 25 years of AHP-based decision making[J]. Computers and Operations Research，2003，30（10）：1419-1420.

[82] 吴琼，王如松，李宏卿，等. 生态城市指标体系与评价方法[J]. 生态学报，2005，25（8）：2090-2095.

[83] 李雪松，孙博文. 基于层次分析的城市水环境治理综合效益评价——以武汉市为例[J]. 地域研究与开发，2013，（4）：171-176.

[84] 翁帅民. 呼和浩特市环境承载力评价研究[D]. 呼和浩特：内蒙古师范大学，2015.

[85] 范鹏，李树平，曹加亮，等. 水源水质评价方法的应用分析[J]. 河南科学，2010，（11）：425-430.

[86] 叶维丽，文宇立，郭默，等. 基于数据包络分析的水污染物排放指标初始分配方法与案例研究[J]. 环境污染与防治，2014，（10）：102-105，110.

[87] 曹伟. 基于改进型 PSO-BP 神经网络算法的水环境质量评价[D]. 昆明：昆明理工大学，2016.